U0005014

預防疾病、元氣加倍！

狗狗經穴按摩【圖解版】

每天5分鐘，提升愛犬的生理與心理療癒效果！

鎌倉・元氣動物醫院

石野 孝／相澤瑪娜 ◎著

元氣毛孩創辦人
蔡昌憲◎譯

晨星出版

前言

守護毛小孩的健康是飼主的責任。毛小孩也與人類相同，會因各種不同的原因而生病，如果能更清楚理解毛小孩生病的原因，並在日常生活中採取適當的對應方法，便可以預防疾病及守護他們的健康。因此，平時就必須經常觀察他們，早期發現疾病的徵狀極為重要。

近年來，人類與毛小孩之間疾病的界線有著越來越相似的傾向。曾幾何時，被認為是人類特有的疾病也在不知不覺間成為了毛小孩的疾病。或許是由於這些原因，「毛小孩疾病的分辨方法」、「毛小孩的正確飼育法」等相關書籍或是資訊也處處可見。

在這樣的氛圍中，這次協請醫道之日本社（日方原出版社）出版《狗狗經穴按摩》一書。其契機在於回應認為「我家的狗狗是世界最棒的」、「我的愛貓是日本第一」的飼主們，經由每天的肢體接觸所衍生出之撫摸行為。其實，飼主們都非常努力地為自己的狗狗和貓咪撫摸、揉搓、按摩。

肌膚接觸能夠讓雙方之間的距離更近，關係更好。不單只是對方，連進行肌膚接觸的自己也能感受到療癒的力量。因此，「按壓穴位」、「觸摸身體」的行為，就是肢體接觸的基礎。

透過皮膚的刺激到底會產生怎樣的反應？如果利用手頻繁地觸摸剛出生的白老鼠，會發現在血液中針對傳染病的抗體比起未被觸摸的白老鼠更多，體重增加也更快，活潑而且對抗壓力的忍耐度也會增高。也就是說，刺激白老鼠幼鼠的皮膚，可以產生提高免疫系統及循環器官系統作用的效果。再者，研究中發現被頻繁觸摸的白老鼠壽命更長，就算老化時的記憶力也仍然良好。當然這也可以應用在人類身上。另一方面，從小猴子的實驗來看，沒有經常被觸摸的小猴子會變得過度恐懼，出現蜷縮在籠子角落的憂鬱性行為或是有攻擊性，也會產生睡眠或是在免疫系統上的障礙。

由於皮膚在生成的過程中如同腦或是中樞神經一般，能以較大的面積感知從外界來的刺激，因此被稱為「露出的腦」。也因此，肌膚接觸會有其效果。穴位療法便是頻繁地以輕柔溫和按壓做肌膚接觸。透過本書，能幫助最重要的狗兒維護健康。

另外，本書能夠順利完成出版，必須感謝我動物醫院中同仁盡全力地協助。並且也深深地感謝醫道之日本社的赤羽博美編輯。

石野 孝／相澤瑪娜

目 錄

內臟的異常

運動器官的異常

眼・耳・嘴・皮膚的異常

呼吸器官的異常

其他的異常

本書中所介紹的「按壓方式」，雖然在刊圖上是以小型犬的照片為主，但是依據穴位的不同也會使用大型犬的照片。小型犬的模特兒是約克夏Chip君（6歲，雄），大型犬則是黃金獵犬Kikka將（9歲，雌），「專欄：簡單按摩」中的模特兒是吉娃娃Mone將（13歲，雌）。

穴位指壓的基本

穴位指壓的思考方式

穴位指壓療法是由東洋醫學的理論而來。所謂東洋醫學是為了與西洋醫學對比而命名，特別是受到由中國發祥的傳統醫學之強烈影響，因此也被稱為中國醫學（中醫）。兩者最大的不同點之一為整體觀。西洋醫學是將身體的各個部位分別解析，而東洋醫學則是將身體與自然融合成一體，以整體的調和為中心。像這樣的思考方式，是從古代中國所流傳下來的陰陽五行論，氣、血、水（津液）論，五臟論，經絡經穴論等而來。

在東洋醫學上是如何判斷疾病，又為何使用穴位進行治療能有改善各種病變及症狀的效果？接下來我想以盡可能簡單明瞭地方式作說明。

1、如何判斷疾病

（1）向陽與背陽

在東洋醫學中，將世界上所有的物體分為「太陽照得到的地方」與「太陽照不到的地方」。再將向陽處定為「陽」，背陽處定為「陰」。例如，「太陽為陽，月亮為陰」、「天為陽，地為陰」、「早上為陽，夜晚為陰」、「男（雄）為陽，女（雌）為陰」、「動為陽，靜為陰」、「外為陽，內為陰」、「氣為陽，血為陰」等分類。在動物身上則以頭面部、腰背臀部、前肢、後肢的外側面為陽，身體的前面、胸腹部、前肢、後肢的內側面則為陰。這些在後面將會介紹的經絡運行上也可適用。陰是指有下降傾向的事物，陽則是指有上揚傾向的事物。

早上，睡醒之後身體便會由睡眠狀態改變為活動狀態，原本陰為優勢的狀態變化成為陽較為優勢的狀態；而到了傍晚的時候，一整天活動疲憊的身體便希望可以休息。這時候陽為優勢的狀態則又改變成陰較為優勢的狀態，這樣的變化就是保持陰陽平衡的狀態。如果陰陽平衡失調使得陽的力量較強，而不論晝夜都持續相同的活動，則陽便會成為過剩狀態，精神太好無法入眠、過度興奮、造成熱能過高使

得身體燥熱等症狀出現，像這樣陽過剩的狀態稱為「陽證」。反之在早上陽較為優勢的時間點，卻一直處於嗜睡、不清醒的狀態，則代表陰變得過剩，會出現全身無力、沒有元氣、身體熱能不足使得身體冰冷、感覺寒冷等症狀。如這般陰較強的狀態則稱之為「陰證」。因此陰陽的任何一方在過剩或是過少的狀態下，便會造成失調無法保持正常的狀態，使身體出現不順或是疾病的現象，而將這些失調的狀況調整回復到平衡就是治療方法。

（2）使所有物體活化的物質

1）何謂「氣」

　　「氣」是所有生物所具備的生存能力、生命力、能量，於生物體死亡的同時消失。雖然無法用肉眼捕捉其形體，但是在生物體生存期間，便會不眠不休的伴隨著血液運行在全身所有的經絡（氣血循環的通路）中。

2）關於血

　　由食物變化而成的營養物質即為血。血與氣同時運行在經絡中，滋養四肢及內臟並支撐其功能運作。如血能滋養雙眼，使其可以看清楚事物。或者也有滋養筋骨、關節，使筋骨更強健、關節運動更滑順的功能。

3）關於津液

　　身體中的水份稱為「津液」。而津液的主成分為血。因此津液也是由食物所轉化的營養物質。全身各個組織、器官在使用之後不需要的津液被運送到膀胱，經由腎臟轉換為尿液之後排泄出體外。汗、尿、淚、唾、涕、涎等都是津液的一部分。

4）關於五臟六腑

　　內臟的各個器官總稱為「五臟六腑」。會將食物這類的燃料轉換為能量，擔任著產生生命力的重要角色。依功能的不同分為「五臟」、「六腑」、「奇恆之腑」。「臟」有著製造精氣並貯存的功能，「腑」則擁有讓物質通過的功能。食物經由六腑轉換成為氣、血、津液、精等營養物質，並被消化、吸收以及排泄。「五臟」是指

肝、心、脾、肺、腎（加入心包即為六臟）。「六腑」為膽、小腸、胃、大腸、膀胱、三焦（在西洋醫學上未提及的臟器，主要是代謝水分的功能）。「奇恆之腑」並非臟也不是腑，其功能雖與臟器類似，但形狀則是與腑雷同，指的是腦、髓、骨，脈、膽、女子胞（子宮）。

　　與西洋醫學中所謂的內臟做比較，在解剖學上的位置都大部分相同，但在功能上會有些差異。例如，脾並不是指西洋醫學上的脾臟，在功能上或許歸為胰臟會比較恰當。最大的不同點在於，西洋醫學上精神活動是以腦部做為主要支配中樞，而東洋醫學則是以心為中心，五臟支配着所有的精神活動。例如，肝藏魂、脾藏意、肺藏魄、腎藏志、心藏神，說明五臟支配所有的管理。

2 · 穴位療法爲何有效果

（1）關於經絡

　　經絡就如同網眼般遍佈於全身的通路，氣血通過其中提供各組織、器官、臟腑、四肢的末端營養。經絡上有許多固有的經穴。經絡與臟腑有著密切的關係，如「肺經」、「大腸經」、「心經」、「小腸經」、「脾經」、「胃經」等，會將臟腑的名稱冠於之前以便標示，也會加上前肢或者後肢的名稱，依據運行在身體的哪一個部分也有陰陽之分。

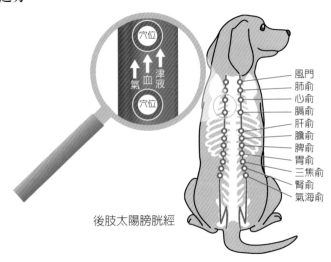

後肢太陽膀胱經

穴位

氣　血　津液

穴位

風門
肺俞
心俞
膈俞
肝俞
膽俞
脾俞
胃俞
三焦俞
腎俞
氣海俞

（2）關於經穴（穴位）

經穴各別分布在經絡上，一般稱之為「穴位」。穴位與經絡有很深的關係，也是經絡異常時所反映的部位。而且，由於經絡連結著臟腑，因此也會反映出臟腑的不順與疾病。

在穴位上出現的反應為，硬結、壓痛、緊張等現象。如網眼般分布在全身的經絡，一旦發現氣、血的不順，或是五臟六腑的變化等，必定會在經絡上與經絡所屬的穴位上出現異常的反射。透過直接治療出現反射的部位，可以刺激到病變部位，使病變得到改善。

（3）取得穴位的位置

取得穴位位置的方法稱為「取穴」。取穴使用寸法做比例。因為身體會有個別差異，因此將身體的某部分做為長度的標準。

①1寸為食指的橫幅
②2寸為食指、中指、無名指的橫幅
③3寸為食指、中指、無名指、小指的橫幅

小型犬

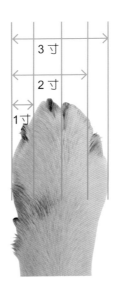

大型犬

進行穴位指壓時的基本事項

基本事項①

在本書中將刺激穴位的方法稱為「穴位按壓」。
關於按壓的力道，在按壓動物的穴位之前，請先在自己的身體上按壓，親身感受剛好舒服的施力狀況，與感到疼痛時的力量。請務必試試看。另外，依據穴位的部位及動物的狀態所感受到的方式也有所不同，因此對於每一個身體的部位調節力量也是很重要的。像是背部等肌肉較為粗大且骨格較為強健的部位可稍微用力，反之像是較小且弱的耳朵等部位便要輕柔地進行。也能透過料理秤等來掌握按壓的力道。

＊力道調節……小型犬或貓：350～500g、中型犬：500g～1kg、大型犬：2～3kg左右為指標。

基本事項②

以次數來說，一般在同一個部位大約做10～30次左右較為適當，但請注意狗狗的狀況做適度地調整。每天大約一到兩次，雖然次數不多，但是每天持續更為重要。

基本事項③

發炎、腫脹、外傷、骨折的狀況下必須避免。另外，發燒、休克、懷孕、飯前、飯後也是一樣。

基本事項④

處於不舒服的狀況下會造成壓力，施術者與狗狗雙方都必須處於放鬆的狀況下再進行。

基本事項⑤

不能突兀地進行按壓，而是要循序漸進，慢慢地讓狗狗習慣之後再進行。

基本事項⑥

施術者及狗狗雙方都必須先將指／趾甲剪短。

基本事項⑦

狗狗表現出非常舒適的表情當然是最好的，但是必須一邊確認「不是很討厭的表情」一邊進行按壓。

基本事項⑧

施術者應先按壓與狗狗相同的穴位，以確認其效果。

基本事項⑨

按壓穴位是以保持及增進健康為目的，並不是醫療行為。

基本事項⑩

在進行按壓時，請將關愛加注在指尖上。

穴位的指壓方法

＊在這裡介紹的穴位位置在本文中全部都會詳細解說。

Standard法（指壓）

利用手指按壓以刺激穴位的手法。穴位按壓基本上是使用指腹進行按壓。小型犬或貓使用食指，大型犬或是肌肉較為發達的穴位使用拇指進行按壓是為基本手法。

❶將指腹放在穴位上，然後默數1→2→3，階段式地慢慢施力。

▼

❷在動物表現出「不是很討厭的表情」的狀況下，保持這樣的力量3～5秒。請注意不要施力過度造成動物的疼痛。

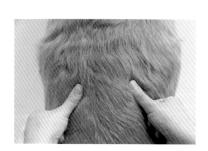

▼

❸之後，默數3→2→1慢慢地將力量移除。

▼

❹重複上述❶～❸的流程4～5次。同時觀察動物的狀況，以「很舒服哦～」般輕柔的感覺，一邊與動物說話一邊進行按壓。

Cotton Swab法（利用棉花棒按壓）

顧名思義，即利用棉花棒代替手指按壓的方法。可利用在小型犬身上。也可以使用髮夾的圓滑部或是前端不會太尖的筷子。可以有效使用在神門穴、少衝穴等穴位上。

Kneading法（揉捏）

❶利用拇指及食指如同夾住的方式揉捏左右（內側與外側）穴位的手法。例如身體外側的陽陵泉穴與內側的陰陵泉穴，或是內關穴與外關穴等穴位便可利用此手法。

❷將拇指或是食指的指腹放置於穴位上，如同書寫日文中的「の」一樣輕柔地撫摸。可以利用在無法稍加施力按壓的穴位上。例如位於胸部的巨闕穴以及頭部的百會穴等。

Stroke法（輕撫）

將拇指或是食指的指腹部分置於穴位上，像是讓手指滑動般輕撫的手法。例如，位於頭部的攢竹穴到絲竹空穴之間，或者是腳踵阿基里斯腱的根部到承山穴之間，都可以使用此手法。

Pick Up法（拉提）

不單單只是單點按壓穴位，還有拉提包含有穴位部位的皮膚的手法。可以使用在按壓時會感覺到不舒服的穴位。如果擔心不知如何施力時，這是非常方便的手法。而且特別適合使用在皮膚較厚的部位。例如，四神聰穴、廉泉穴等。

穴位按壓

心理層面

1 感到害怕時
按壓的穴位

按壓穴位： ① 築賓 ② 少衝

　　若狗狗開始有警戒心的話，便會全身用力，並將尾巴折曲夾在下腹部，身體姿勢放低。如果看到狗狗做出這樣的動作，首先要一起坐下來，讓他靠近身邊，溫柔的抱抱他。接著拓展狗狗的視野，溫柔地幫他們按壓穴位。

穴位 ①

築賓

| 位 置 | 位於後肢（後腳）的內側，內側腳踝與膝關節所連結的線上，由腳踝開始往上三分之一處。左右後肢各有一穴。 |

| 效 果 | 支配下半身水分代謝，也有促進心中意志決定的作用。能去除心中的恐懼，帶來心中的安定感。另外伴隨著改善下半身的血液循環，也有排毒的作用。 |

| 按壓法 | 用食指由內往外側慢慢地，一次1～2秒，按壓10～20次。若是加溫的話效果更佳。請用溫熱毛巾包著加溫。 |

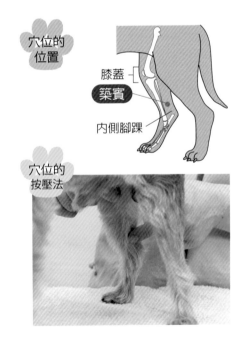

穴位的位置

膝蓋

築賓

內側腳踝

穴位的按壓法

穴位 ②

少衝

| 位 置 | 位於前肢（前腳）小指趾甲靠拇指側的根部。左右前肢各有一穴。 |

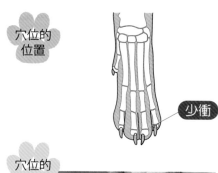

穴位的位置

少衝

| 效 果 | 少衝為位於趾甲根部的井穴（於前肢、後肢末端的穴位。參照P21）之一。特別是這個穴位，可以將身體中阻塞住的毛孔開通讓氣（身體的能量來源）一次貫通，使身心都有感覺甦醒暢快的功效。同時也有消解因恐懼所引起的不安，以及去除恐懼心理的效果。另外還能夠平衡冷熱，讓身體回復正常，在維持健康上面也很有幫助。 |

穴位的按壓法

| 按壓法 | 請使用棉花棒等輕柔地刺激（Cotton Swab法）。也可以如同夾住的方式左右同時刺激小指趾甲的根部（Kneading法）。1次1秒，大約10～20次左右。 |

不停吠叫（防止亂叫）時
按壓的穴位

 按壓穴位： ① 攢竹 ② 聽宮 ③ 耳門

在狗狗的問題行為中，亂叫對於許多飼主來講是非常困擾的行為。不光是獨棟樓房，特別是住宅區之中更有可能因此與鄰近的住戶產生不愉快。由於大聲地吠叫在生理上會產生不愉快的感覺，因此請盡可能提早改善。

穴位 ①

攢竹

位 置	就人類來說就是眉毛最前端的點。左右各有一穴。
效 果	在人類的身上也可以用拇指放在攢竹穴上，稍微向上推壓後再慢慢放開，便會感覺視野變得明亮開朗。這不單單只是有明目作用，對眼睛有效果的穴位，如果眼睛明亮則心理與身體也會變得舒暢。可以調整心理與身體的平衡，有鎮靜放鬆的作用。
按壓法	施術者將拇指及食指的指腹部分置於穴位上，如畫圈的方式輕壓20～30秒左右（雄Kneading法），進行3次。

穴位的位置

攢竹

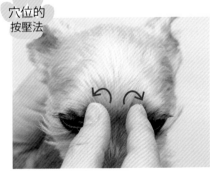

穴位的按壓法

穴位 ②

聽宮

| 位置 | 位於耳屏（耳朵靠近臉部前方外耳道入口的突出處）前方的凹陷處。左右耳各一穴。 |

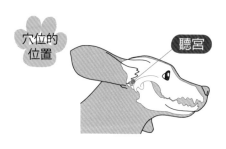

穴位的位置

聽宮

| 效果 | 聽宮的「聽」指的是聽覺，而「宮」則是重要地方的意思。於耳屏前方凹陷處的穴位，不僅僅只針對耳朵，對於所有眼、耳、鼻、口、皮膚問題都能夠發揮其功效。特別是可以作用到内臟部分，從内臟讓心情穩定以緩和亂叫狀況。 |

穴位的按壓法

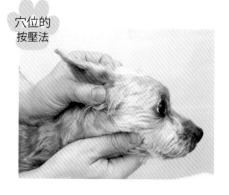

| 按壓法 | 「聽宮」與接下來的「耳門」位置非常接近，因此可將兩個穴位同時使用拇指按壓，食指則放在耳朵的後方如夾住耳朵般，輕揉3次，每次20～30秒左右（Kneading法）。 |

穴位 ③

耳門

| 位置 | 位於聽宮的上方，狗狗的0.5指寬（0.5寸）上方處。左右耳各有一穴。 |

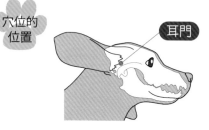

穴位的位置

耳門

| 效果 | 與聽宮連結在一起，並與其有相同的作用。特別是調整精神上的失衡有非常好的功效。大多數的狗狗，在按壓耳門及聽宮的穴位時都非常舒服並且很享受。 |

| 按壓法 | 由於耳門與聽宮是非常接近的穴位，使用拇指置於耳屏的前方輕壓，便可同時按壓到兩個穴位。請參考聽宮的按壓方式。 |

3

全身無力（没有活力、没有元氣）時
按壓的穴位

按壓穴位： ① 氣海 ② 井穴

　　有些狗狗雖然年輕卻不喜歡散步或是一直想睡覺，給玩具也不理不睬，主人回來了也不打招呼。對於這樣的狗狗，便可以使用這些穴位。但如果是高齡犬，且出現全身無力的狀況時，有可能是甲狀腺機能退化症，請向動物醫院醫師諮詢。

穴位 ①

氣海

位 置	於肚臍下方，狗狗的2指幅寬（1.5寸）處（照片中之紅點為肚臍的位置）。只有一穴。
效 果	此穴位有使活力奮起的作用。在調整自律神經功能的同時，也有使體內停滯流動的氣活化，讓生命更旺盛的效果。
按壓法	將食指放在穴位上，如同書寫日文的「の」一樣做畫圓輕撫（Kneading法）。請注意不要過度施力。進行10～20次。

穴位的位置

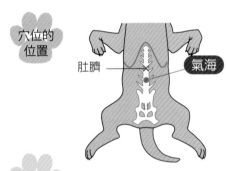

肚臍　　　氣海

穴位的按壓法

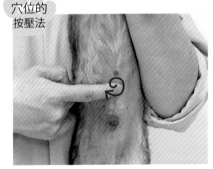

穴位②

井穴

| 位 置 | 各趾的趾甲根部。 |

效 果　井穴的個數與手指相同。「如同泉水從井裡湧出般地湧出生命能源的地方」因而稱之為「井穴」。各個「井穴」都各有其名稱。刺激「井穴」可使體內氣的流動更加活化並使身心的能量上昇，進而使心理及身體都變得有活力。另外，對於交感神經的過度作用而引起發燒或高血壓的全身性症狀，或是由於副交感神經的過度作用而引發之過敏症狀，其他如心悸、頻脈等心臟的症狀，感冒或肺炎等，都可以期待其廣泛的效果。

穴位的
位置

井穴

穴位的
按壓法

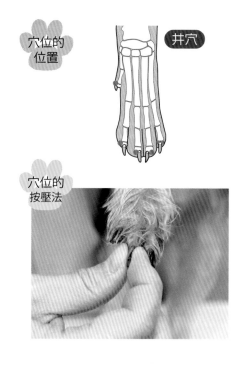

按壓法　施術者利用拇指及食指如同夾住的方式刺激趾甲的根部（Kneading法）。也有狗狗不喜歡被觸摸趾尖，因此在這個時候施術者可從前肢、後肢的根部附近開始往趾尖方向，利用手掌先輕柔地按摩，最後再用拇指及食指輕壓，刺激趾甲根部的各個井穴10～20次。

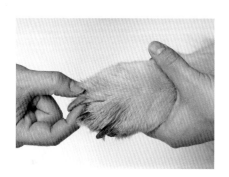

過動時
按壓的穴位

按壓穴位：　① 關衝 ② 內關

　　對狗狗來說，嬉戲的動作代表的是有元氣、自然的狀態。但是如果過度的話對飼主來說將會是一個非常困擾的問題行為。在這樣的狀態下可以按壓此穴位。另外在散步或是在訓練之後的收心準備，此穴位也可發揮其功效。

穴位 ①

關衝

| 位 置 | 位於前肢無名指靠小指側的趾甲根部。左右前肢各有一穴。 |

| 效 果 | 可將生命能源的氣血循環變好以鎮靜興奮狀態，並有調整緊張心臟狀態的作用。是為緩解不安的主治穴位。另外對於失眠或是暈車、解除想吐的效果有其助益。在皮膚問題上也有其效果。 |

穴位的
位置

關衝

穴位的
按壓法

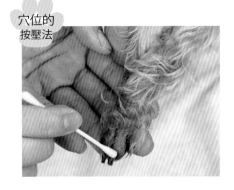

按壓法　可以利用棉花棒輕壓穴位（Cotton Swab法），或是施術者利用拇指及食指如同夾住的方式輕壓趾甲的根部（Kneading法）。進行3次，每次20～30秒左右。由於太過刺激會造成疼痛，因此按壓時請斟酌力道。

穴位的
按壓法

穴位②

內關

位　置　位於前肢內側。從手腕下方狗狗的3指幅寬（2寸），與前肢左右的肌肉中間交叉處。左右各有一穴。

效　果　內關的「內」指的是前肢的內側，與位於外側的外關成為對比。「關」則是代表位於手關節附近的穴位之意。若同時按壓外側的外關與內側的這個穴位會有更好的效果。是可以緩和歇斯底里以及壓力的穴位，也有可以讓心情穩定，調整脈搏的作用。另外與關衝相同，對於暈車所造成的想吐現象也可以發揮其效果。

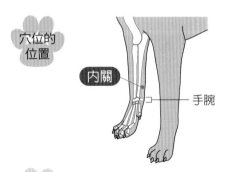

穴位的
位置

內關

手腕

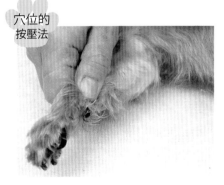

穴位的
按壓法

按壓法 由內側往外側的外關方向按壓。也可以使用棉花棒按壓（Cotton Swab 法）。如同夾住的方式同時輕揉按壓外側的外關與內側的內關也可以（Keanding法）。左右前肢各按壓20～30次。

心理層面

5

興奮時
按壓的穴位

 按壓穴位： ① 中泉 ② 中衝

　　有些狗狗在心情好的時候，有可能會出現興奮或是變得比較不穩定的情況。由於狗狗是透過「吠叫聲」邀請一起遊玩，或表現快樂、高興的狀態，因此吠叫對於狗狗來說是非常普通的行為。特別是性格較為開朗且有元氣的狗狗經常會吠叫，如果在過於興奮無法壓抑吠叫的狀況時，請嘗試按壓此穴位。

穴位 ①

中泉

位置　位於前肢手腕的外側，沿著食指與中指的骨骼延伸至與手腕的交叉處。左右前肢各有一穴。

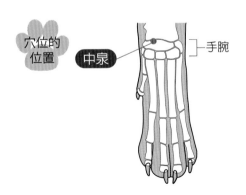

穴位的
位置　中泉　　　　手腕

25

効 果 拓展胸部，透過呼吸將氣運行到全身各處，達到放鬆的效果，有調整氣（身體的能量來源）與血（血液）的作用。也能控制腦部情感並緩解過於興奮的感覺以及心理與身體的緊張感。另外，也可以期待讓呼吸穩定與回復正常的作用。

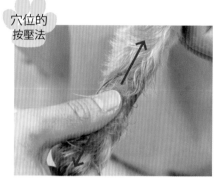

穴位的按壓法

按壓法 利用拇指指腹的部分，以前後摩擦的方式輕撫。用來回一次約一秒左右的速度，左右前肢的穴位各輕撫約30次（Kneading法）。

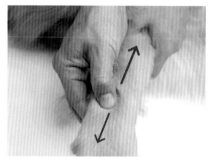

穴位②

中衝

位 置 位於前肢中指靠近拇指側的趾甲根部。左右前肢各有一穴。

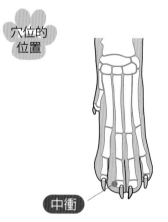

穴位的位置

中衝

穴位的
按壓法

效果 中衝的「中」指的是中指,而「衝」是「重要的部位」,也就是「在中指上重要的穴位」。中衝是位於前肢中指末端的井穴位之一(於前肢、後肢末端的穴位,P21),對於腦部的作用較強,有著打開「腦竅(通往腦部的孔穴)以鎮靜興奮」的作用,讓心情較為穩定,興奮程度下降。

按壓法 利用棉花棒輕輕按壓穴位10〜20次(Cotton Swab法)。另外,施術者也可以用拇指及食指如同夾住的方式輕壓中指趾甲的根部。稍微輕拉趾甲前端的部分也是可以的(Kneading法)。進行10〜20次。

回復疲勞
按壓的穴位

按壓穴位： ① 勞宮 ② 湧泉

　　由於最近進行犬隻運動（Dog Sports）的狗狗越來越多，但是也有一些狗狗在平常的散步中，只是一點點時間或是較長的距離就容易感覺到疲憊。特別是七歲以後的狗狗與人類一樣有著不容易恢復疲勞的傾向。

穴位 ①

勞宮

位 置 位於前肢腳底最大的掌球上方（靠近手腕）。左右前肢各有一穴。

穴位的
位置

勞宮

穴位的
按壓法

效 果 　勞宮的「勞」指的是「因勞動
而引起的疲勞」，「宮」則是
指「高貴的地方」、「中央」
之意。也就是指「位於進行勞
動的手中央的穴位」。這個穴
位與精神上密切連結，有抑制
焦躁以及讓精神安定的作用，
可以讓心理與身體都達到放鬆
的效果。在副交感神經上以緩
和緊張及壓力，並於循環器官
上改善血液循環，增加全身的
氧氣供給量。

按壓法 　施術者將拇指置於穴位上，往
趾尖的方向輕推。默數1、2、
3慢慢施力，靜置維持三秒左
右，再慢慢地於3秒左右將力
量移除（Standard法）。左右
前肢各進行20～30次。

穴位 ②

湧泉

位 置 　位於後肢腳底最大掌球上方
（靠近腳踝）的根部。左右後
肢各有一穴。

穴位的
位置

湧泉

穴位的
按壓法

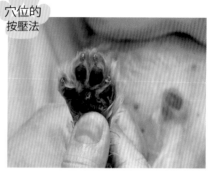

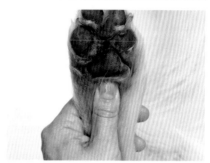

效果 湧泉有著「元氣湧出的泉源」的意義。是曾經被稱為「生命之泉」而受到高度評價且風靡一時的穴位。有回復身體的元氣，消除疲勞的作用。特別是對於解除下半身疲勞的作用較強，手腳冰冷或是疼痛、水腫、防止老化的效果也可以期待。是可以顧及身體與心理兩方面的穴位。

按壓法 施術者將拇指置於穴位上，往趾尖的方向輕推。默數1、2、3慢慢施力，靜置維持三秒左右，再慢慢地於3秒左右間將力量移除（Standard法）。腳底的按摩可以使身體感到溫熱，也有改善麻痺的效果。左右後肢各進行20～30次。

心理層面 7　無法入眠時
按壓的穴位

按壓穴位：　① 失眠 ② 期門

　　成犬一天之中大概半天以上都是在睡眠中度過。如果一直持續睡眠不足，就會造成焦躁、精神上不安定的狀況。睡眠可分為心理與身體完全休息的「非快速動眼睡眠」與進入熟睡的「快速動眼睡眠」，是一個週期循環。以狗狗的狀況來說，八成為「非快速動眼睡眠」，兩成為「快速動眼睡眠」。因此使其心理完全放鬆，誘導他們進入「快速動眼睡眠」是很重要的。

穴位 ①
失眠

位 置　位於後肢腳跟下方的凹陷處。左右後肢各有一穴。

效 果　顧名思義，是對於無法入眠時可發揮其效果的穴位。另外不單單只限於精神性的症狀，對於水腫、膝關節疼痛、下半身冰冷、腳部疲勞、腳底疼痛、生殖器官系統疾病、腎臟、頻尿或少尿、腰背部的緊張緩和等，各式各樣的症狀都有其效果。

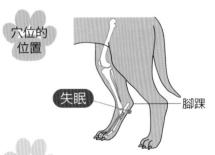

穴位的位置

失眠 —— 腳踝

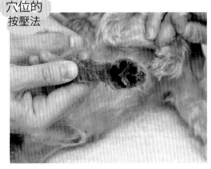

穴位的按壓法

按壓法 施術者將拇指置之於穴位上，如同滑行的方式由後往趾尖的方向刺激20～30次（Stroke法）。

穴位的
按壓法

穴位②

期門

位 置 位於第6根肋骨與乳頭等高的位置。

穴位的
位置

期門

效 果 在東洋醫學上將壓力的症狀稱之為「肝氣鬱結症」。也就是說肝機能產生鬱結狀態，無法正常運作而引起的症狀稱之為壓力。因此必須緩和壓力以預防失眠症狀，並將腹部及胸部的緊張移除改善睡眠狀況。

穴位的
按壓法

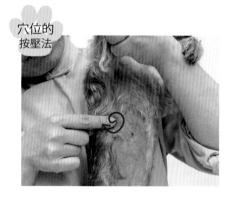

按壓法 將拇指或食指置於穴位上，慢慢地如同書寫日文的「の」字般輕撫（Kneading法）。進行20～30次左右。請注意不要施力過度。

不安（分離焦慮／獨自看家的破壞行為）時
按壓的穴位

 按壓穴位： ① 勞宮 ② 頭部的百會 ③ 神門

　　獨自看家的時候會吠叫，在廁所以外的地方排泄，或是進行破壞等症狀，都有可能是分離焦慮症。要針對這樣的狀況按壓穴位的同時請注意：①如果要對於排泄或是破壞行為進行矯正時，於發生之後矯正並沒有任何意義，必須在當場進行矯正。②出門三十分鐘前及回家後三十分鐘不要理會狗狗。③平常與狗狗的接觸均以飼主為主導。以上三點的行為療法也是很重要的部分。

穴位 ①

勞宮

| 位 置 | 位於前肢腳底最大的掌球上方（靠近手腕）。左右前肢各有一穴。 |

穴位的位置
勞宮

| 效 果 | 在「6、回復疲勞按壓的穴位」做過介紹，此穴也有清心與安神的作用。所謂清心作用是指將心中的熱冷卻以鎮靜浮躁不安的心情。安神作用則是指讓精神安定，並使心理狀態穩定的作用。有改善血液循環，讓副交感神經的運作較為優勢，以抑制不安或緊張等的效果。另外對於循環器官也能夠發揮作用，可以抑制心臟不安急促的跳動。 |

穴位的按壓法

| 按壓法 | 施術者將拇指置於穴位上，往趾尖的方向輕推。默數1、2、3慢慢施力，靜置維持三秒左右，再慢慢地於3秒將力量移除（Standard法）。左右前肢各進行10～20次。 |

穴位的
按壓法

穴位②

頭部的百會

| 位 置 | 位於頭頂部最高的位置。一穴。 |

穴位的
位置

頭部的百會

| 效 果 | 位於頭部的頂點，被認為是所有氣集結的地方。此穴有使頭部順暢清爽，讓心情穩定的作用。在掌管氣循環的同時也增加流往腦部的血液供給，讓精神可以得到安定，減少不安的感覺。也可以減輕對於頸部的負擔。 |

| 按壓法 | 施術者將兩手拇指置於頭部的百會穴上，左右對稱地做畫圓輕撫按摩（Kneading法）。請以溫暖穴位的期望進行。1次大約30秒左右，請進行3～5次的按壓。 |

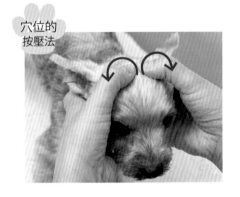

穴位的
按壓法

穴位 ③

神門

位於前肢手腕根部小掌球的手腕側，靠近拇指的凹陷處。左右前肢各有一穴。

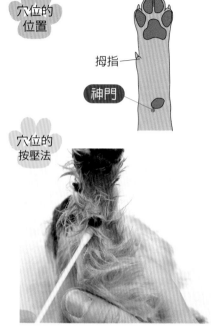

穴位的位置

拇指

神門

穴位的按壓法

位 置 | 位於前肢手腕根部小掌球的手腕側，靠近拇指的凹陷處。左右前肢各有一穴。

效 果 | 被稱之為「神所進入之門＝神門」的穴位，顧名思義便可以了解其與思考或是意識等精神面的世界有非常深厚的關係，擁有可以療癒因焦躁或是不安感等所引起的壓力，以及安定精神活動的作用。是增強副交感神經作用的穴位。

按壓法 | 小型犬可以使用棉花棒按壓（Cotton Swab法），中型犬或大型犬的可以使用食指。在手腕上默數1、2、3慢慢施力，靜置維持三秒左右，再慢慢地於3秒左右將力量移除（Standard法）。

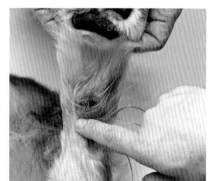

心理層面

身體的異常

心理層面 **9**

焦燥時
按壓的穴位

 按壓穴位： ① 丹田 ② 液門

近年來，由於寵物飼料的普及，以人類來做比喻就像狗狗每天都吃著速食一樣。因此血液也容易變得混濁。在東洋醫學上將這樣的狀態稱之為瘀血（因血液的停滯而引起的病狀），是為焦躁不安的原因。

穴位 ①

丹田

位 置 並非穴位，而是位於肚臍下方的部位，為身體的能量中心。

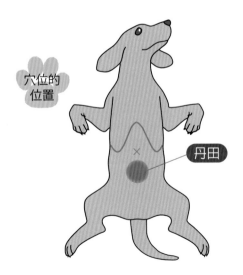

穴位的
位置

丹田

效果 丹田的「丹」為「元氣」，「田」指的是「存在的地方」。因此，丹田即是掌管生命能量的部位（為能量的中心部位）。丹田有著所謂的降氣作用，可以將心中焦燥不安的情感下降至丹田並收藏起來，相當於人類在腹式呼吸時「用力於肚臍下方的丹田」所在的部位。在凝聚精神時也會被要求將意識放在丹田上。

按壓法 小型犬、中型犬可單用食指，大型犬則使用食指再加上中指，如同書寫日文的「の「般做畫圓輕撫動作（Kneading法）。請勿過度施力按壓。進行按壓時請想像著將焦燥感下降放入丹田的感覺。

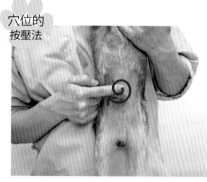
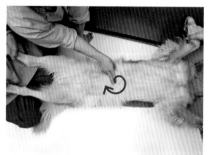

穴位的
按壓法

穴位 ②

液門

位置 位於前肢無名指與小指之間的根部。左右前肢各有一穴。

穴位的
位置

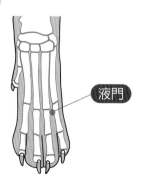

液門

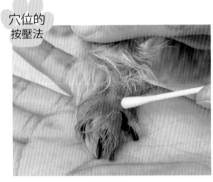

穴位的
按壓法

效果 液門的「液」是「水液」的意思，「門」則是指「水液的氣所進出的門」。液門有調節身體水分代謝的功能，以及讓心與頭部、眼睛較為舒暢的作用，抑制自律神經的興奮狀態，使副交感神經的作用較為有利，改善焦躁不安。

按壓法 稍微伸展狗狗的前肢無名指與小指間，施術者可利用拇指按壓液門。小型犬可用棉花棒按壓（Cotton Swab法）。中型犬、大型犬則使用拇指以一次5～10秒的方式按壓20～30次。

心理層面 10　壓力累積過多（不能去散步／一直關在籠內）時 按壓的穴位

按壓穴位：　① 膻中　② 巨闕

　　造成狗狗壓力的首要原因為「不能出門去散步」。有可能是因為飼主的個人因素而散步時間較短，又或者是因為下雨而無法出門。原本可以在喜歡的時間去上廁所卻不得不忍耐。獨自看家也是造成壓力的原因。

穴位 ①

膻中

- -

| 位 置 | 位於胸骨（指喉部下方凹陷處到胸窩的骨骼）下方約四分之一的位置。一穴。 |

穴位的位置

喉部下方的凹陷處　　　膻中

胸窩

| 效 果 | 有調整氣（身體的能量來源）機能的作用，是可以治療心理疾患的重要穴位。如果平常經常刺激此穴位，對於抗壓性有不錯的效果。所謂的心病，就是壓力等與氣相關的疾病上升到胸部，因此擴張胸部可讓病氣下移。 |

穴位的按壓法

| 按壓法 | 將拇指的指腹置於穴位上，以垂直的方式按壓。由於有些狗狗過度施力按壓的話會感到疼痛，因此請輕柔地刺激5次左右，一次大約5秒。 |

心理層面

身體的異常

穴位 ②
巨闕 ···

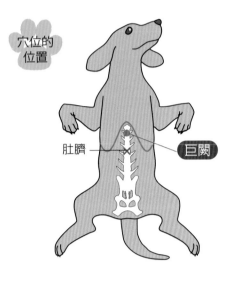

穴位的
位置

位 置　位於肚臍上方約狗狗的4指幅
　　　（3寸）處。一穴。

肚臍　　　巨闕

效 果　巨闕的「巨」為「大」的意
　　　思。「闕」則是代表「重要的
　　　地方」之意。為使氣透過此處
　　　上達心部時的重要穴位。此穴
　　　位會作用於心的異常上，有補
　　　正精神上的不平衡，形成抗壓
　　　性較強心態的作用。

按壓法　將食指指腹置於穴位上，如同
　　　書寫日文的「の」般做畫圓輕
　　　撫動作（Kneading法）。輕
　　　柔地進行20～30次。

穴位的
按壓法

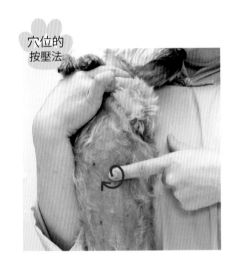

11

心神不寧時
按壓的穴位

 按壓穴位： ① 天樞 ② 四神聰

　　狗狗在打雷或煙火的巨響下會產生強烈的恐怖感，造成心神不寧。有些會呼吸急促地跑來跑去，有時候會一直顫抖，有的會在半夜把飼主挖起來希望得到安慰。

穴位 ①

天樞

位 置	位於肚臍的兩側。狗狗2指幅（1.5寸）的外側。肚臍的左右各一穴。（照片中的紅點為肚臍的位置）。
效 果	天樞的「天」為「肚臍以上的部位」，「樞」是指「樞軸」與「重要的地方」的意思。順便一提，肚臍以下的部位稱之為「地」。在東洋醫學上稱之為生命能源的交叉部位，是非常重要的穴位。有調整腸胃功能的作用，也有調整生命能量的氣與血的作用。調整天地之氣可以緩和恐懼感。
按壓法	將拇指與食指置於左右的穴位上，輕揉大約20～30秒。

穴位的位置

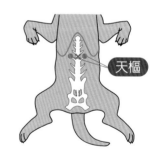
天樞

穴位的按壓法

穴位 ②
四神聰

穴位的
位置

四神聰

位 置　頭頂部中心點前後左右各一穴。頭頂部共4穴。

效 果　四神聰的「四」是指「四個穴位」，「神」是「精神」之意，「聰」即是「聰明」的意思。也就是說，四神聰是由4個穴位組成，可讓精神狀態穩定並使頭部清晰舒暢。

按壓法　夾捏住左右或是前後的穴位，並拉提皮膚（Pickup法）。縱向拉提或是橫向拉提都沒有關係。拉提10～20次為佳。

穴位的
按壓法

肩頸按摩

　　狗狗的前肢與肢體是透過肌肉做結合，身體重心的六成都在前方，對前肢有著莫大的負擔，尤其是前肢的根部、頸部周圍、胸部可以說是最容易僵硬的部位。因此在散步的前後或是在休息的時候，可以幫他們做一下肩頸的按摩。

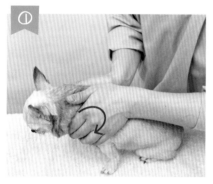

用手掌包覆著肩胛骨，如同畫圓的方式滑動皮膚。

接下來使用指尖部分按摩頸部肌肉。請不要過度施力，如同滑動皮膚的感覺進行即可。來回按摩從肩胛骨到耳後部分的頸部肌肉大約10～20次。

使用指尖按摩肩胛骨到胸部之間。如同畫圓的方式進行。

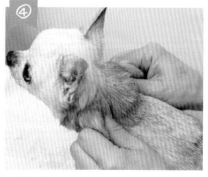

輕輕揉捏肩關節周圍的皮膚。

專欄②

鞋拔按摩（刮痧按摩）

在中國，不論是針對人類或動物都會使用由水牛角所製成，像是片狀的「刮痧板」來摩擦皮膚，這是一種將堆積在身體裡面的毒素排出的療法。由於對於狗狗也是有效的，而且類似鞋拔的曲線部分等並不會造成皮膚的負擔，因此可以使用這樣的道具輕柔地幫他們摩擦背部或是腳部。

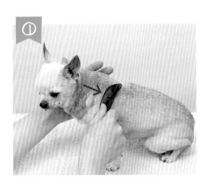

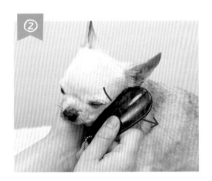

穴位指壓

身體的異常

 身體的異常

1

内臟的異常

尿路問題時
按壓的穴位

按壓穴位： ① 三陰交 ② 腎俞 ③ 陰陵泉 ④ 膀胱俞

發生頻尿、多尿、無尿、血尿、殘尿感、結石等疾病稱之為「下尿路疾病」。在東洋醫學中，如這樣的症狀稱為「淋證」，其病因在腎臟與膀胱。腎的主要功能在於將身體裡面的水分儲存、分布及排泄。而膀胱的作用在於把不需要的水分轉換成尿液並排泄出去。如果這兩樣的任一項發生異常，便會引起淋證的症狀。

穴位 ①

三陰交 ●●

位 置 位於後肢內側，內側腳踝上方狗狗的四指幅寬（3寸）的位置，與小腿脛骨交叉點之後側。由於此處與人類不同，屬於肌肉較不發達的部位，因此必須要進一步尋找到脛骨的後側。左右後肢各有一穴。

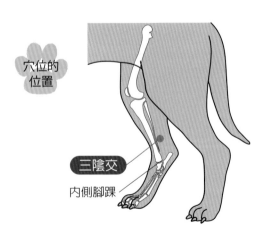

穴位的
位置

三陰交

內側腳踝

效果 在東洋醫學中清楚地劃分出陰與陽。身體的內側為陰，外側為陽。後肢的內側有脾、腎、肝三條陰的氣所運行的經絡，三陰交是這三條經絡交會點上的穴位，因而得名。以人類來說與足三里相同是經常被使用的穴位。對於婦科疾病，特別是在女性尿路問題上有其效果。使血循順暢，溫暖身體並調整尿量。對於母犬的尿路問題也同樣可以發揮絕大的效果。其他，在調整賀爾蒙平衡的效果上也是眾所皆知。

按壓法 施術者將拇指置於三陰交上，由小腿脛骨的外側往內側滑動按壓。也可以使用棉花棒。一次5秒進行20～30次。

穴位的
按壓法

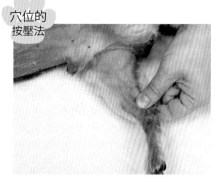

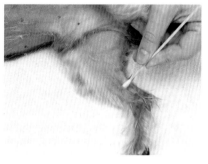

穴位 ②

腎俞

位 置 將靠近尾部的肋骨與脊椎的交叉位置設為起始點，利用手指由此點往尾部方向下滑，於第三節脊椎骨凸起的兩側凹陷處即為此穴。脊椎骨的左右兩側各有一穴。

穴位的
位置

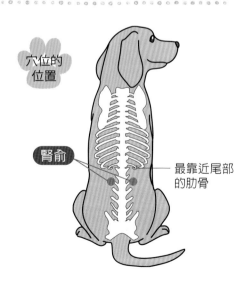

腎俞

最靠近尾部
的肋骨

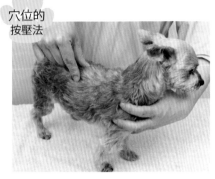

效 果	在東洋醫學中認為腎是貯存生命能量與生殖能量之「精」的臟器。並且將精稱之為「腎氣」。如果腎氣充足的話就代表非常健康且元氣十足，反之如果腎氣不足時就會出現老化或是身體異常。腎俞有補充腎氣與溫暖腎、提高腎功能、改善殘尿感的作用。另外還有防止老化，在增強免疫力的作用上也可期待。
按壓法	對於小型犬或中型犬，施術者可利用拇指與食指置於穴位上，以揉捏方式按壓20～30次（Kneading法）。大型犬則可將左右手的拇指各置於腎俞上，慢慢地施力。一次5秒進行20～30次。

穴位的
按壓法

穴位 ③

陰陵泉

位 置	沿著後肢內側的小腿脛骨往膝蓋的方向前進，於骨頭突出處停頓的位置。相對位置的外側則是陽陵泉。左右後肢各有一穴。

穴位的
位置

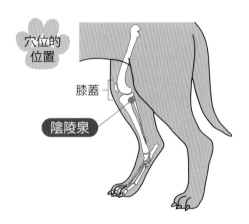

膝蓋

陰陵泉

心理層面

身體的異常

內臟的異常

效果 | 陰陵泉的「陰」指的是後肢的內側，「陵」為「突起或突出的部分」，「泉」則是「從此處會湧出清澈的水」的意思。此穴位有調節體內水分使其可以順暢地排出體外的作用，因此可以把此效果發揮在所有泌尿系統疾病的症狀上。而且對於消化器官或是膝蓋的疾病也有效果。

按壓法 | 小型犬可使用棉花棒，中型犬及大型犬則用手指往位於外側的陽陵泉方向按壓。另外，也可以將陽陵泉與陰陵泉同時以揉捏（Kneading法）的方式按壓。一次5秒進行20～30次。

穴位的
按壓法

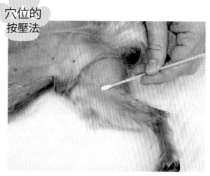

穴位 ④

膀胱俞

位 置 | 位於骨盆橫幅最寬的部位，約是狗狗的拇指 （1寸）靠近尾部的稍微內側的位置。脊椎骨的左右兩側各有一穴。

穴位的
位置

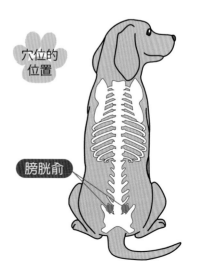

膀胱俞

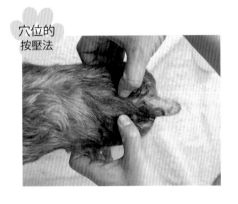

穴位的
按壓法

效果 此穴位有調整膀胱機能的作
用。可去除膀胱中的熱，是膀
胱炎的特效穴。 可以期待對
於緩和膀胱炎所有症狀的作
用。

按壓法 由於是位於骨盆中較為狹窄部
分的穴位，因此施術者可將
兩手的拇指各置於左右的穴位
上，以輕柔的方式按壓。小
型犬也可以使用棉花棒刺激
（Cotton Swab法）。一次5
秒進行20～30次。

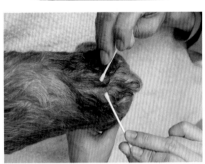

身體的異常 2

內臟的異常

排便問題時
按壓的穴位

按壓穴位： ① 大腸俞 ② 小腸俞

　　排便為健康的指標。如果是腸胃比較弱的狗狗，便會在排便上出現異常。而在東洋醫學上來說，便祕的時候與腹瀉時所按壓的穴位是一樣的。因為都有可以將腸的狀態回復到正常的作用。

穴位 ①

大腸俞

位置　以最靠近尾部的肋骨為起點，用手指由該處往尾部方向下滑，默數第5個脊椎骨突起處的兩側凹陷處即為此穴。脊椎骨的兩側各有一穴。

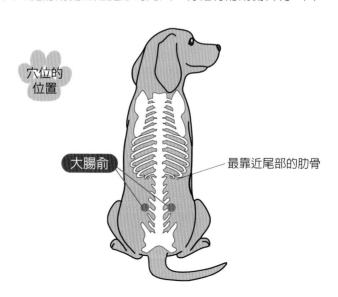

穴位的位置

大腸俞

最靠近尾部的肋骨

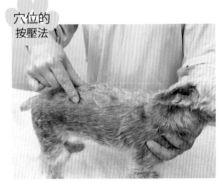

穴位的
按壓法

效 果 靠近大腸，被認為是「氣運行
進入的地方」。顧名思義，此
穴有調節大腸的功能，對於治
療疾病有非常好的效果。除了
腹瀉、便祕之外，對於腸胃疾
病及腰痛也有效果。

按壓法 對於小型犬或中型犬，施術
者可將食指及拇指置於穴位
上，使用揉捏的方式輕壓
（Kneading法）。大型犬則
可將左右的拇指置於穴位上按
壓。腹瀉時請輕柔按壓，便祕
時則稍加施力刺激穴位。1次5
秒進行20～30次。

穴位②

小腸俞

位 置 從大腸俞沿著脊椎往尾部方向
慢慢滑動，於碰觸骨盆處即為
此穴。脊椎兩側各有一穴。

穴位的
位置

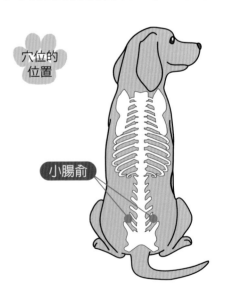

小腸俞

| 效 果 | 與大腸俞作用相同。可以調整腸功能，緩和腹瀉及便祕。另外，由於有加強腸內免疫力的效果，除了改善消化器官症狀之外，也可以提高抵抗力。 |

| 按壓法 | 對於小型犬或中型犬，施術者可將食指及拇指置於穴位上，使用揉捏的方式輕壓（Kneading法）。大型犬則可將左右的拇指置於穴位上按壓。腹瀉時請輕柔按壓，便祕時則稍加施力刺激穴位。1次5秒進行20～30次。 |

穴位的
按壓法

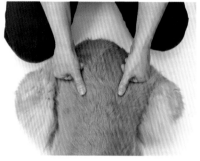

心理層面

身體的異常

內臟的異常

身體的異常

3

內臟的異常

腸胃較弱時
按壓的穴位

按壓穴位： ① 氣海 ② 大巨 ③ 天樞 ④ 支溝

　　吃得不多、較容易排出軟便、有時候會出現嘔吐狀況等，有著腸胃問題困擾的狗狗也不在少數。另外，吃東西速度很快，而容易引發消化不良的狗狗也可以參考這些穴位。

穴位 ①

氣海 ‧‧

| 位 置 | 位於肚臍以下狗狗的2趾寬（1.5寸）處（照片中的紅點為肚臍的位置）。僅有一穴。 |

| 效 果 | 此穴位可以使用在各種與氣相關的疾病上。例如氣都往頭部方向移動使腹部變冷而引起的食欲不振、腹瀉、嘔吐等的症狀，此穴可發揮不錯的效果。對於人類來說是強壯保健（改善體質、改善及預防因特定的營養素不足而引起的症狀）的知名穴位。我們在肚子痛的時候，就會無意識地把手放在腹部上吧。那個部位正是氣海的穴位。可以改善全身氣的運行，調整腸胃的功能。 |

穴位的
位置

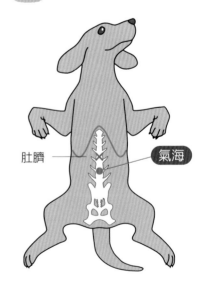

肚臍　　　　　氣海

按壓法 以此穴位為中心點，施術者利用整個手掌溫暖腹部。

穴位的
按壓法

穴位 ②

大巨

位 置 位於肚臍以下，狗狗的2趾寬
（1.5寸）處兩側。也就是氣海
的兩側。左右各有一穴（照片中
的紅點為肚臍的位置）。

效 果 在日本的落語（單口相聲）中有
「將針扎在大巨上便拔不起來
了」的一段劇情，但其實並不是
那麼危險的穴位。在肚臍以下的穴
位除了以氣海為主之外，大巨穴也
有可以使氣充實飽滿的功能。碰觸
腹部時會發出咕咕聲，或者有漲氣
感的狀況；便祕或腹瀉、腸炎等症
狀都可利用此穴位。

按壓法 以此穴為中心，施術者利用拇指
及食指輕柔地揉捏，1次5秒進行
20～30次。

穴位的
位置

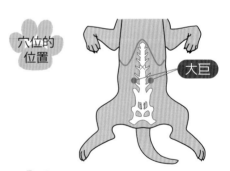

大巨

穴位的
按壓法

穴位 ③

天樞

| 位置 | 位於肚臍的兩旁。狗狗的兩趾寬（1.5寸）外側（照片中的紅點為肚臍的位置）。左右各有一穴。 |

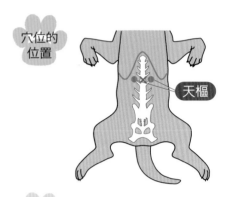

穴位的位置

天樞

| 效果 | 天樞的「天」是指肚臍以上的位置，「樞」則有「樞紐」、「重要的部位」的涵義。也就是指主掌腸胃之氣作用的重要部位。可以調整腸胃的功能、使其活化而增進食欲，有效緩解胃脹氣、消化不良、吃太多等症狀。在慢性的腸胃病或是便祕、腹瀉上也可以發揮其效果。 |

穴位的按壓法

| 按壓法 | 將拇指及食指分別置於左右的穴位上，1次5秒，輕柔地揉捏20～30次。 |

穴位 ④

支溝

| 位置 | 位於前肢外側，從手腕上方約狗狗的4趾寬（3寸）的兩骨（尺骨與橈骨）之間處。左右前肢各有一穴。 |

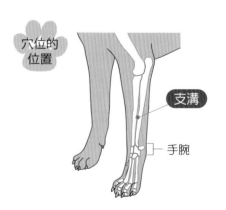

穴位的位置

支溝

手腕

| 效果 | 水分代謝，特別是有主掌排泄的功能，可以改善體內水的運行，消解便祕症狀。另外，對於手腳冰冷、肩頸僵硬、眼睛的問題也有其效果。 |

按壓法 施術者利用手掌固定狗狗的前肢，將拇指置放於穴位上，以如同握住的方式按壓。1次5秒進行20～30次。

穴位的按壓法

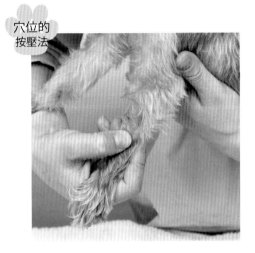

內臟的異常

暈車時
按壓的穴位

按壓穴位： ① 內關 ② 築賓

對於容易暈車的狗狗來說，不單單只是嘔吐，也會出現心跳加速，或是流口水的現象。成犬之後再讓狗狗學習坐車往往都會出現一些困難。因此除了是平常必須要按壓的穴位之外，在坐車前三十分鐘開始按壓穴道也可以達到理想的效果。

穴位 ①

內關

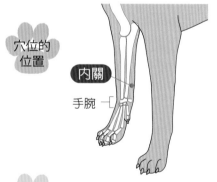

穴位的位置

內關

手腕

位 置　於前肢內側，從手腕上方約狗狗的3趾寬（2寸），左右兩塊肌肉之間的位置。左右前肢各有一穴。

效果　內關的「關」指的是前肢的內側，與位於外側的外關為對比關係。「關」則是表示位於手關節附近的穴位。內關與位於外側的外關一起按壓效果較佳。由於此穴位可改善氣的運行，同時調整胃的功能，因此可以抑制因暈車所造成的嘔吐現象。也可以讓精神安定、緩和壓力，在心情穩定的狀況下便可以抑制唾液的分泌。

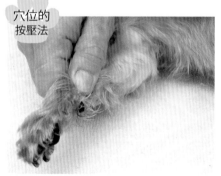

穴位的按壓法

按壓法 往位於前肢外側的外關方向按壓內關。也可以使用棉花棒按壓（Cotton Swab法）。另外，同時與位於外側的外關如同挾捏的方式按壓內關也有相同效果（Kneading法）。左右前肢各按壓20～30次。

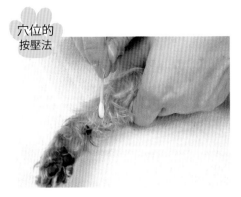

穴位的
按壓法

穴位 ②

築賓

位 置 位於後肢內側，內側腳踝與膝關節的連結線上，由內側腳踝上緣往上三分之一處。左右後肢各有一穴。

效 果 透過調整橫膈膜以下的水分代謝及改善內臟的機能，得以預防暈車。對於嘔吐及流口水的現象能發揮非常好的效果，腹瀉及便祕也有功效。而且還能調整腎的不順，並使下肢的血循良好以達到解毒之功效。對於異位性皮膚炎以及內臟功能低下時也有其效果。

按壓法 由內往外側慢慢地，1次1～2秒按壓10～20次。如果可以加溫按壓則效果更佳，建議使用溫熱毛巾等包裹加溫。

穴位的
位置

膝蓋
築賓
內側腳踝

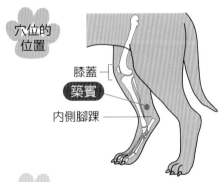

穴位的
按壓法

身體的異常

5

挑食時
按壓的穴位

按壓穴位： ① 足三里 ② 中魁 ③ 脾俞

　　「就算給予飼料也會馬上就轉頭不想吃」、「對於人類的食物非常有興趣，但是對於飼料卻一點興趣也沒有」、「如果不用手給食就不願意吃」等，在給食方面需要花功夫的狗狗身上可以使用這些穴位。

穴位 ①

足三里

位 置 位於後肢膝蓋外側突出的骨頭的斜前下方凹陷處。左右後肢各有一穴。

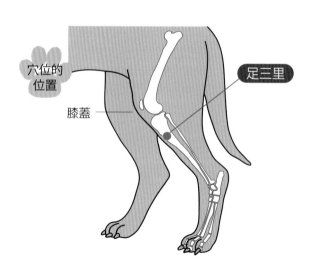

穴位的
位置

足三里

膝蓋

効果 俳句詩人，松尾芭蕉在「奧之細道」也有介紹的有名穴位。如同「總之就先灸三里」般所述，在當時似乎是健康常備的穴位。此穴有恢復疲勞，控制消化與排泄的功能，因而增加食慾，讓脾變得健康而能夠與胃和諧運作補養氣（能量來源）的不足，補充能量讓氣、血（血液）的循環更加活躍的作用等，是非常多功能的穴位。在東洋醫學中將腸胃的部分稱為「脾、胃」。因此「讓脾變得健康」也就是讓腸胃強健的意思。在解決腸胃的問題上也有效果。

按壓法 小型犬可使用棉花棒，中型犬及大型犬則可利用拇指或是食指往內側下方按壓。1次5秒，進行20～30次。

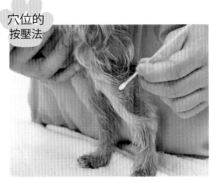

穴位的
按壓法

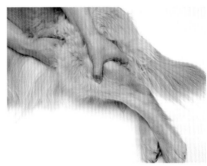

穴位②

中魁

位置 位於前肢腳背的中指第二關節上。左右前肢各有一穴。

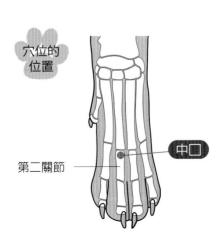

穴位的
位置

第二關節——

中口

穴位的
按壓法

| 效 果 | 有使氣的循環變好讓胃更強健的作用。可抑制胃痛、胸悶、胃酸過多等症狀,並調整胃的功能。而且,對於因疲憊而引起的食欲不振也有效果。 |

| 按壓法 | 施術者可用手握住狗狗的前肢,利用拇指按著中魁穴,先按壓5次。之後,由中魁往趾尖方向往返滑動按摩20次(Stroke法)。於按壓時,由於是在關節上方,請注意不得過度施力按壓。 |

穴位 ③

脾俞

○ ○

| 位 置 | 位於最靠近尾部側的肋骨與其之前一根肋骨間,脊椎骨兩側的凹陷處。脊椎骨的左右兩側各有一穴。 |

穴位的
位置

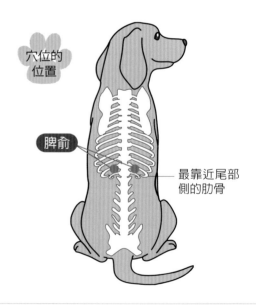

脾俞

最靠近尾部
側的肋骨

穴位的
按壓法

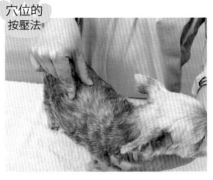

| 效果 | 所謂的脾，並非西洋醫學上指的脾臟。脾與胃的機能所合併的部分，便相當於西洋醫學中的腸胃。有著將體內多餘的水分排出讓胃變得強健的功能。其作用為提升腸胃的機能，並活化消化機能，將營養輸送到全身。 |

| 按壓法 | 小型犬及中型犬可將拇指及食指置於穴位上，以揉捏的方式按壓（Kneading法）。大型犬則使用左右手拇指置於穴位上，慢慢地加壓。1次5秒，進行20～30次。 |

心理層面

身體的異常

內臟的異常

內臟的異常

有心臟問題時
按壓的穴位

按壓穴位： ① 膻中 ② 郄門 ③ 神門

　　6～7歲以上罹患心臟疾病的狗狗越來越多。若是被診斷為心臟疾病，按時服藥與運動限制，溫差與飲食上的改善便必須更加留心注意。同時開始刺激穴位，盡量不要在生活上造成心臟的負擔。另外，此穴位對於心裡不安或是心情過度興奮的狀況也有功效。

穴位 ①

膻中

位 置 位於胸骨（喉嚨下方凹陷處到心窩之間的骨骼）的末端往上四分之一處。

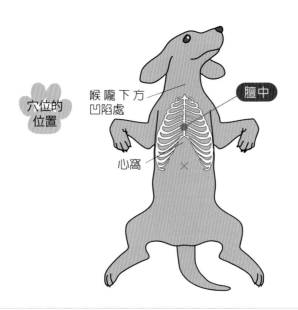

穴位的位置

喉嚨下方凹陷處

膻中

心窩

效果 | 膻中被認為是可以「治療氣之疾病」的穴位。在東洋醫學上有所謂「梅核氣」的症狀。是指在吞嚥口水的時候，好像在喉嚨的深處有如梅核般小的東西卡住，感覺非常地不舒服，但是無論怎麼檢查都沒有異常，是所謂「氣之疾病」的一種。這樣的症狀往往都是由於心理疾病所造成的狀況較多。此穴對於因為脈搏的異常亢進所造成的不安感、胸痛或是胸悶、焦躁、呼吸不順、咳嗽、喉嚨痛等有減緩的效果。另外，也可以緩和因環境變化所造成的壓力。

穴位的
按壓法

按壓法 | 施術者將食指置於穴位上，默數1、2、3慢慢地加壓，維持相同力量停留3秒之後，再慢慢地將力量移除（Standard法）。重覆上述動作20～30次。每隻狗狗的反應會有所不同，因此請一邊確認狀況並做調整。

穴位 ②

郄門

位 置 | 位於前肢內側兩骨之間，手腕到手肘連線距離的五分之二處。左右前肢各有一穴。

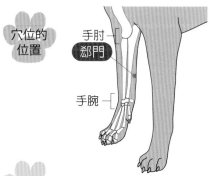

穴位的
位置

手肘

郄門

手腕

效果 | 在心臟的症狀上經常使用的穴位。主要治療心部疼痛或是心悸、胸悶，以及抑制不安感。也是針刺麻醉的穴位。

按壓法 | 施術者先固定住手腕部，利用拇指1次1～2秒按壓5～10次。

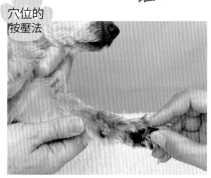

穴位的
按壓法

穴位 ③ 神門

穴位的位置

神門

位　置
: 位於前肢手腕內側的小掌球下方，靠近拇指側的凹陷處。左右前肢各有一穴。

效　果
: 神門的「神」指的是「精神」。在古書中提到「心主神明」、「心藏神（藏：貯藏）」，而「神明」、「神」指的便是「精神」。心與精神是密切相關的。透過這樣的思考方式，於被問到精神在什麼部位時，便會不假思索地指向心臟的部分。神門有鎮靜心神安定的作用，因此對於心疾病、分離不安等問題行為，癲癇、失智症都有效果。

按壓法
: 施術者利用食指按壓20～30秒。小型犬則可使用棉花棒的前端按壓（Cotton Swab法）。若是於癲癇等發作的時候按壓，請務必確認狗狗的狀態。

穴位的按壓法

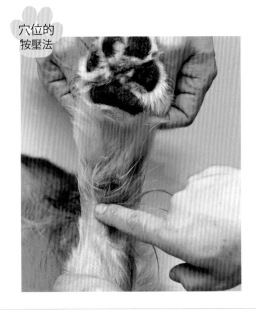

身體的異常

7

內臟的異常

有腎臟問題時
按壓的穴位

 按壓穴位： ① 腎俞 ② 湧泉

　　在進入高齡犬階段之後腎臟疾病便容易增加。雖然狗狗很年輕，但發育不良或是患有骨骼問題的情況時，請每天進行這些穴位的刺激。

穴位 ①

腎俞

位 置 將靠近尾部的肋骨與脊椎的交叉位置設為起始點，利用手指由此點往尾部方向下滑，於第三節脊椎骨突起的兩側凹陷處即為此穴。脊椎骨的左右兩側各有一穴。

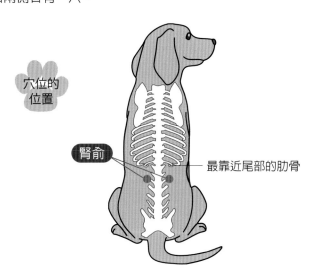

穴位的
位置

腎俞

最靠近尾部的肋骨

心理層面

身體的異常

內臟的異常

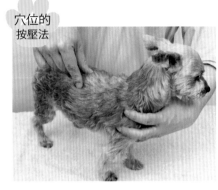

穴位的
按壓法

効果 在東洋醫學的思考上認為位於背部的穴位有「輸送氣」的功能，而將腎俞定義為「腎氣注入的地方」。所謂的腎氣指的是腎的活動力及腎功能。腎功能主導著成長、生殖、老化等，腎俞在腎氣衰弱的狀況下有補充腎氣的功能。除了腎臟的疾病之外，對於腰痛、後肢的疼痛、麻痺、骨胳的疾病也有效果。

按壓法 對於小型犬及中型犬，施術者可將拇指與食指至於穴位上以揉捏方式按壓（Kneading法）。在大型犬身上，施術者利用左右手的拇指放在腎俞上，慢慢地施加力量。1次5秒進行5～10次。若是在腰痛的情況下不需強行施力按壓，可改以拉提皮膚的方式。也可以盡可能利用棒灸（溫灸，參照P69）、溫熱毛巾等來加溫這個部位。

穴位 ②

湧泉

位 置 位於後肢腳底大掌球的根部。左右後肢各 有一穴。

穴位的
位置

湧泉

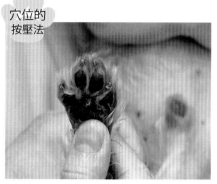

穴位的
按壓法

效 果　是和足三里一樣，被人類當作
　　　養生灸的有名穴位。對於下半
　　　身冰冷無力、手腳冰冷等，所
　　　謂的寒性體質也有效果。此穴
　　　也是能將身體加溫的熱源，使
　　　「元氣」如同泉水般湧出。在
　　　腎臟的問題，或是腰痛、因椎
　　　間盤突出所造成的麻痺、局部
　　　麻痺上也有效果。

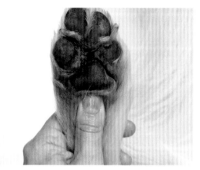

按壓法　利用拇指指腹按壓5～10次。
　　　也可以使用揉捏的方式進行
　　　20～30秒左右。揉捏的方式
　　　也是5～10次。足部的按摩有
　　　溫暖身體、改善麻痺的效果。

棒灸（溫灸）

使用專用的器具將棒狀的灸條靠近皮膚，或者是直接用灸條靠近皮膚。是利
用輻射熱加溫，最簡單且安全的灸法。在中國為主要的灸法，適合手腳冰
冷、腰痛、腹瀉、行走障礙等問題的居家照顧。購買棒灸套組（可透過網路
購買），即可在家中簡單進行棒灸。

內臟的異常

有肝臟問題時
按壓的穴位

 按壓穴位： ① 膽俞 ② 肝俞

　　由於肝臟功能較強，在疾病進行中但病變尚未擴散到大範圍之前有可能不會出現任何症狀。發現異常時已經非常嚴重，必須馬上入院治療的案例也經常可見。透過血液檢查可以發現肝臟的異常，因此定期的檢查在早期發現上是非常重要的習慣。

穴位 ①

膽俞

位置　將靠近尾部的肋骨與脊椎的交叉位置設為起始點，利用手指由此點往頭部方向移動，於第二節脊椎骨突起的兩側凹陷處即為此穴。脊椎骨的左右兩側各有一穴。

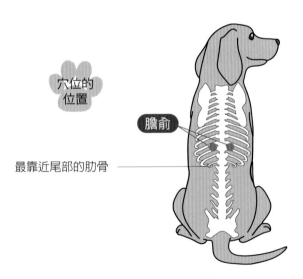

穴位的
位置

膽俞

最靠近尾部的肋骨

効果 | 膽俞是以「主掌決斷」著名的穴位。所謂「主掌決斷」也就是說擁有可以「果敢地下決斷」的功能。例如「很有膽識」、「膽子很大的女生」等詞句就是從這樣的意思而來。而伴隨著年齡增長，臟器會漸漸衰弱。在心情方面有許多煩惱的事情，什麼事都無法決斷也沒能解決的狀態就稱之為「膽力不足」。「膽力不足」有時候會與肝的問題相關。這個穴位可以補養膽力不足。除了膽結石或是黃膽、膽囊炎之外，對於大部分的肝臟病都有助益。

按壓法 | 小型犬或中型犬可使用拇指及食指置於穴位上，如同左右挾住般以揉捏方式按壓。進行20～30次。照片上雖然是用兩腳站立的方式，但如P63般四腳站立的方式按壓也沒有問題（Kneading法）。大型犬則可將左右手的拇指置於穴位上按壓。1次5秒進行20～30次。

穴位的
按壓法

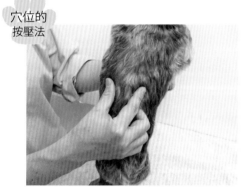

穴位 ②

肝俞

位置 | 將靠近尾部的肋骨與脊椎的交叉位置設為起始點，利用手指由此點往頭部方向移動，於第三節脊椎骨突起的兩側凹陷處即為此穴。脊椎骨的左右兩側各有一穴。

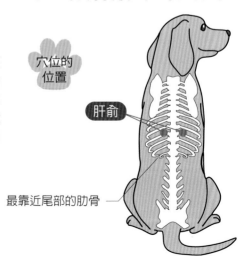
穴位的
位置

肝俞

最靠近尾部的肋骨

肝俞與到目前為止所提到過的腎俞、膀胱俞、大腸俞、小腸俞、脾俞相同，都是沿著脊椎的穴位，與肝臟有非常深厚的關係。如果肝有異常便會顯現在這個穴位上。所以給予肝俞刺激的話便可以將刺激直接傳達到異常的部位發揮治療的效果。在東洋醫學上提到「肝藏血」，指的是調整血液的臟器。調養肝與血，以強化肝機能。同時按壓腎俞與肝俞可達到相乘的效果。

按壓法 將拇指與食指置於穴位上，由左右兩旁以揉捏方式按壓（Kneading法），進行20～30次。大型犬則施術者可使用左右手的拇指置於穴位上按壓。1次5秒進行20～30次。

穴位的
按壓法

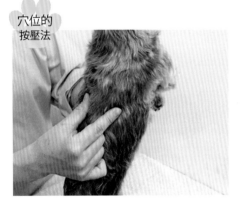

身體的異常

9

內臟的異常

手腳冰涼時
按壓的穴位

按壓穴位： ① 陽池 ② 至陰 ③ 照海

　　雖然不算是疾病，但若是有手腳或是耳朵較為冰冷，總是很怕冷沒有辦法離開暖氣房等現象的狗狗，有可能就是寒性體質。在吉娃娃與義大利靈緹犬（Italian Greyhound）等犬種較常見。

穴位 ①

陽池

位置 位於前肢手背面，手腕的正中間處。左右前肢各有一穴。

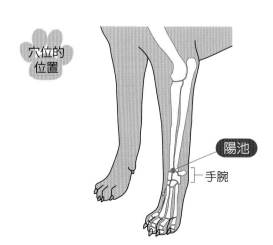

穴位的位置

陽池

手腕

效果 顧名思義即為「貯蓄著陽的池」，由於手腕的關節凹陷處與「池」相似，並且被認為是「陽氣聚集的地方」，因此而得名。陽氣有溫暖身體的作用。所以可以改善血液循環使身體溫暖。在中國被稱之為是萬能的穴位，對於感冒或是腸胃虛弱也有效果。另外，對於手腕的疼痛、手肘疼痛、肩頸疼痛也有效果。

按壓法 施術者將左右手的拇指置於陽池穴上，稍微用力地前後搓揉按壓。進行20～30次。另外也可以使用棉花棒按壓陽池3秒後，再停3秒重複按壓。

穴位的
按壓法

穴位 ②

至陰

位 置 位於後肢小指外側趾甲的根部。左右後肢各有一穴。

穴位的
位置

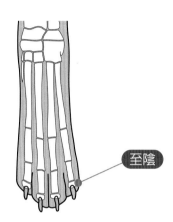

至陰

效 果 在身體出現冰冷的狀況時，後肢的小指會如冰一樣冰冷。在這樣的狀態
下，可以幫狗狗輕輕地刺激此小指的穴位，或者是飼主以如同要將自己
溫暖的體溫移轉的感覺輕輕握住狗狗全部的指頭，全身就會變得暖和。
手腳的冰冷會連結到身體的冰冷。此穴位有促進血液循環，讓體內的血
流達到均一，調整身體上下平衡的作用。另外在治療胎位不正上也是有
名的穴位。

按壓法 施術者將拇指與食指，如同挾住
的方式按壓小指趾甲的根部，1
次1秒按壓5～10次（Kneading
法）。如果狗狗感覺到疼痛，請
稍微調整力量。

穴位的
按壓法

穴位 ③

照海 · · ∘

位 置 ｜位於後肢內側腳踝下方附近。左右後肢各有一穴。

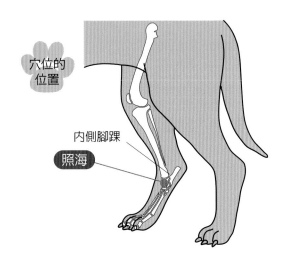

穴位的
位置

內側腳踝

照海

效 果 ｜腎為儲存著生命力之源「精」的地方。「精」會伴隨著年齡的增加而減少，也因此會同時出現老化現象及高齡症狀。其中有一項就是手腳冰冷。此穴位可以平衡身體中的熱，讓血及氣的循環流通變好。除了手腳冰冷之外，便祕、頻尿、生理痛、低血壓、失眠等也都會有效果。

按壓法 ｜施術者將拇指及食指如同夾住的方式置於後肢內側的腳踝上，拇指可稍稍用力揉捏按壓大約10次左右（Kneading法）。

穴位的
按壓法

身體的異常

10

調整賀爾蒙失調時
按壓的穴位

按壓穴位： ① 三陰交 ② 歸來 ③ 腎俞 ④ 足三里 ⑤ 血海

　　高齡犬有些會因為發情造成的賀爾蒙失調而引起生殖器官系統的疾病。另外，做過結紮手術的狗狗也會因為賀爾蒙的失調而變胖或是在毛質上發生變化。

穴位 ①

三陰交

位 置 位於後肢內側，內側腳踝上方狗狗的四指幅寬（3寸）的位置，與小腿脛骨交叉點之後側。左右後肢各有一穴。

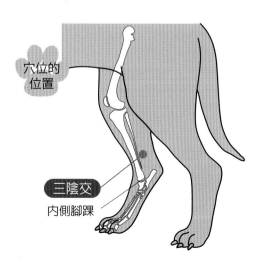

穴位的
位置

三陰交

內側腳踝

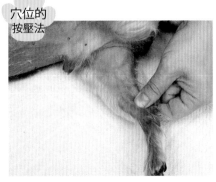

效 果 針對生殖器官相關的問題，三
陰交穴擁有許多非常優秀的主
治功效。人類的狀況也是相
同，對於不正常的子宮出血、
子宮下垂、不孕症、難產、月
經不順等婦科疾病有不錯的效
果。雖然與足三里都是泛用性
相當高的穴位，但此穴特別是
在**難產**、婦科疾病上較為有
名。

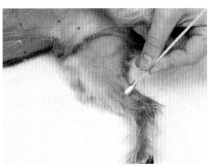

按壓法 施術者將拇指置於三陰交上，
由小腿脛骨的外側往內側滑
動按壓。也可以使用棉花棒
（Cotton Swab法）。一次
1～2秒進行20～30次。

穴位 ②

歸來

位 置 位於肚臍下方狗狗的5趾寬（4
寸）處，以此點為中心點左右
各3趾寬（2寸）的外側處。左
右各有一穴。

穴位的
位置

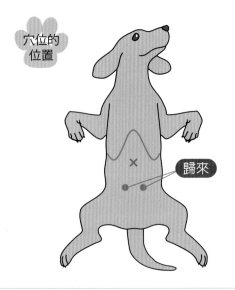

歸來

效果　歸來的「歸」為「回歸」之意，而「來」是指「返回」。從前的人們認為此穴有調經種子的效能，因「調整婦人的月經，等待丈夫的歸來以懷孕生子」而得名。此穴主要功效為治療子宮下垂，透過針灸此穴讓氣血旺盛，將下垂回復到原來的位置。補氣以固定脫落，可以防止像是子宮脫垂等的下垂症狀。而且有保持賀爾蒙的平衡以抑制下垂的作用。雌性可調整卵巢機能，雄性則可提升男性賀爾蒙的分泌。

按壓法　將拇指及食指置於腹部上，由左右以揉捏的方式按壓20～30次（Kneading法）。

穴位的
按壓法

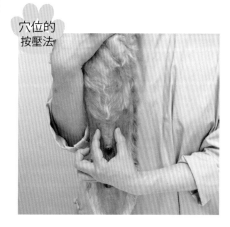

穴位 ③

腎俞

位置　將靠近尾部的肋骨與脊椎的交叉位置設為起始點，利用手指由此點往尾部方向下滑，於第三節脊椎骨突起的兩側凹陷處即為此穴。脊椎骨的左右兩側各有一穴。

穴位的
位置

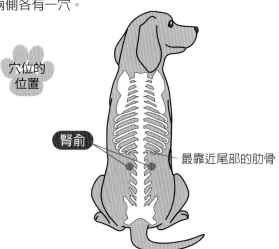

腎俞

最靠近尾部的肋骨

效 果 在古書中提到「人始生，先成精」。也就是說生命是由精先開始。腎會先貯藏著精，再於必要的時候提供出來補充給需要的部位。精可分成從飲食中所產生的「後天之精」與從父母繼承而來的「先天之精」。「後天之精」為生殖的基本物質，與成長、發育、老化有很深的關係，跟賀爾蒙有非常相似的功能。伴隨著年齡的增加使得精的補充變得不易，因而呈現出與賀爾蒙平衡失調相同的狀態。腎俞有提高腎中所含有的精（精力）的作用。

按壓法 對於小型犬或中型犬，施術者可利用拇指與食指置於穴位上，以揉捏方式按壓20～30次（Kneading法）。大型犬則可將左右手的拇指各置於腎俞上按壓，一次3～5秒進行5～10次。
若是在腰痛的情況下不需強行施力按壓，可改以拉提皮膚的方式。或是盡可能利用溫灸（棒灸，參照P69）、溫熱毛巾等加溫。

穴位的
按壓法

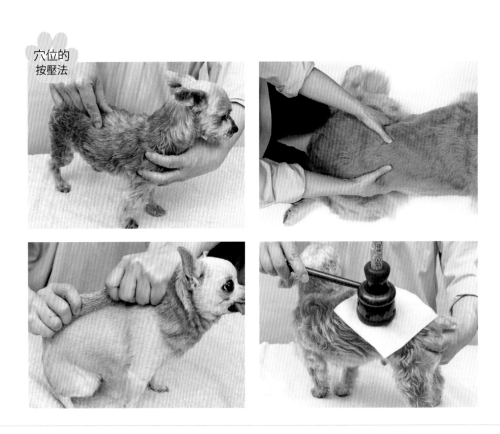

穴位 ④

足三里

位 置 位於後肢膝蓋外側突出的骨頭的斜前下方凹陷處。左右後肢各有一穴。

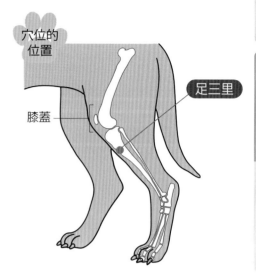

穴位的
位置

膝蓋

足三里

效 果 甲狀腺賀爾蒙異常為狗狗的賀爾蒙失調症狀之一。主要的症狀為脫毛。其他較為常見的還有沒有元氣、動作遲緩、怕冷或怕熱、肥胖、繁殖力低下、食欲時好時壞等症狀。這樣的症狀在東洋醫學上稱之為「氣虛」，氣血的氣處於不足的狀態。此穴有調養生命力並培養元氣的作用，以及調整賀爾蒙的平衡以增進體力的作用。

按壓法 小型犬可使用棉花棒，中型犬及大型犬則可利用拇指或是食指往內側下方按壓。1次5秒進行20～30次。

穴位的
按壓法

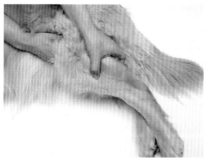

穴位⑤ 血海

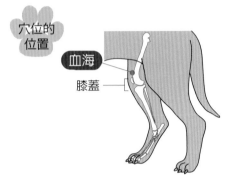

穴位的
位置

血海

膝蓋

| 位 置 | 位於後肢膝蓋內側上方的凹陷處。左右後肢各有一穴。 |

位 置　位於後肢膝蓋內側上方的凹陷處。左右後肢各有一穴。

效 果　就如此穴位名所述，與血有著非常密切的關係。在東洋醫學中血與氣是同時運行於經絡之中進而擴散至全身，以滋養四肢百骸。血海之作用在於調整氣血過與不足的平衡，促進循環。透過血液流動狀況的改善，補充血的不足。也可調整賀爾蒙的平衡以緩解發情期的焦躁狀況。

按壓法　施術者將拇指及食指置於穴位上，由左右兩方如挾住的方式揉捏按壓20～30次（Kneading法）。

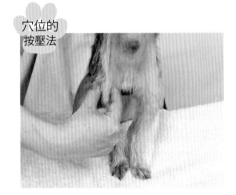

穴位的
按壓法

專欄③

牙刷按摩

　　使用牙刷輕輕地摩擦狗狗們的腰與頭部吧！這樣做的話狗狗就會有「好像被媽媽舔著身體的感覺」使心情穩定。

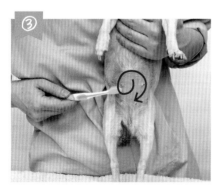

前後梳撫背部：可強化免疫力，對於腰痛、消化器官疾病有緩和的效果。

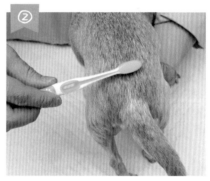

梳撫尾巴根部：對於許多疾病都有效果。

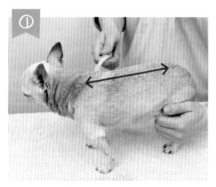

梳撫腹部：對於調整腹部的狀況有不錯的效果。就如同書寫日文的「の」般畫圓梳撫。

梳撫足部後方：就如同書寫日文的「の」般畫圓梳撫。

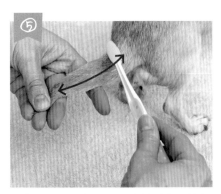

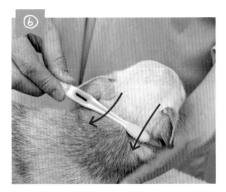

大幅前後梳撫尾部：對於賀爾蒙相關疾病有不錯的效果。由於尾部是神經較為敏感的部位，因此請輕柔地梳撫。

稍加施力按壓耳部後方：對於感冒初期或預防有不錯的效果。

身體的異常

11

運動器官的異常

腰痛時
按壓的穴位

 按壓穴位： ① 崑崙 ② 太溪 ③ 委中

　　大多數人都會認為腰痛是只用兩腳行走的人類才會有，但是最近狗狗也有越來越多的狀況。老化或是肥胖、木質地板、遺傳性因子等牽涉到各式各樣不同的原因。穴位療法並不是直接刺激腰痛的部位，而是刺激離患部較遠的相關穴位，比較不會造成腰部負擔是為主要的特徵。

穴位 ①

崑崙

| 位 置 | 位於後肢的外側，外側腳踝的斜後方。與阿基里斯腱之間的凹陷處。左右後肢各有一穴。於內側有太溪穴。 |

| 效 果 | 軟化肌肉，讓腰或後肢的氣與血流通較佳以預防腰痛。 |

| 按壓法 | 與位於內側的太溪同時由左右如同夾住般揉捏按壓20～30次（Kneading法）。 |

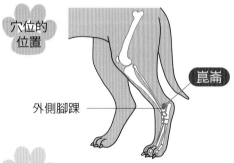

穴位的位置

崑崙

外側腳踝

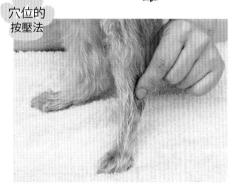

穴位的按壓法

穴位 ②

太溪 ●

| 位 置 | 位於後肢的內側，內側腳踝的斜後方與阿基里斯腱之間的凹陷處。左右後肢各有一穴。於外側有崑崙穴。 |

| 效 果 | 其中一個主治效果為背部或腰的疼痛。改善下半身的血行，透過溫暖身體以緩和腰痛。與外側的崑崙穴同時按壓可有相乘的效果。 |

| 按壓法 | 與位於外側的崑崙同時由左右如同夾住般揉捏按壓20～30次（Kneading法）。 |

穴位的
位置

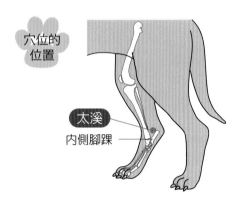

太溪
內側腳踝

穴位的
按壓法

穴位 ③ 委中

位 置 位於膝關節正後方之凹陷處。
左右後肢各有一穴。

穴位的
位置

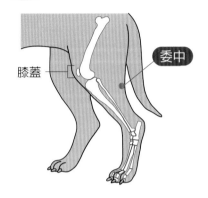

膝蓋
委中

效 果 從古時候流傳下來的古書《四
總穴歌》中提到,「腰背委中
求」這樣的內容。也就是教我
們背部或腰的疾病應該取委中
穴。有改善氣血循環使肌肉柔
軟的作用,以及改善腰或膝蓋
氣血循環的作用。如果腰部有
激烈疼痛的狀況時,可先按壓
此穴將疼痛感消除之後再按摩
腰部。

穴位的
按壓法

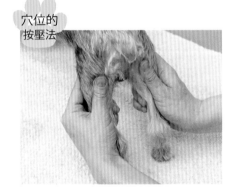

按壓法 施術者將拇指以外的四指如同
包住般置於膝蓋的前方,利用
拇指按壓委中穴約30秒。進行
5～10次。

運動器官的異常

肩部僵硬時
按壓的穴位

按壓穴位： ① 曲池 ② 天宗 ③ 肩井 ④ 臑會

　　狗狗與人類不同，天生沒有鎖骨，因此前肢是以所謂前肢帶肌的肌肉群與身體連結。由於是以四肢行走，對於肩部的負擔較大，理論上來說應該是會比人類更容易出現肩部僵硬的動物。除此之外，如小型犬每天都是由下往上看著飼主，也容易產生肩頸僵硬的現象。

穴位 ①

曲池 ···

位置　位於前肢的外側，於彎曲手肘時所產生的皺紋外側處。左右前肢各有一穴。

穴位的
位置

曲池

肘部

效果 雖然肩部僵硬有許多不同的原因需要考慮，以人類來說，在感冒初期有時候會出現肩部僵硬的狀況，解除肩部僵硬，感冒也就因此而治癒。感冒初期可以服用稱為「葛根湯」的中藥方，此方劑中有葛根、桂枝、芍藥、生薑、大棗、甘草，其基材為野葛之根部的葛根。葛根有鎮痛的作用，特別是被認為可以解除頸部周圍肌肉僵硬的作用。曲池有著與葛根相同的功能，對於因感冒而引起的肩部僵硬可以發揮非常良好的效果，是疏解肩部僵硬的特效穴。也有改善氣的運行或自律神經的運行效果。

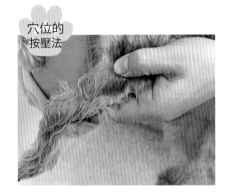

穴位的按壓法

按壓法 施術者利用拇指往內側按壓3秒後，暫停3秒重覆20～30次。

穴位 ②

天宗

位置 位於肩胛骨後緣大約中央處。左右前肢各有一穴。

效果 有治癒感冒及軟化肌肉的作用，因此可以使肩部肌肉放鬆。另外，對於呼吸器官的疾病以及耳部的問題也有效果。

穴位的位置

肩胛骨

天宗

| 按壓法 | 施術者將拇指置於穴位上，往前內方向按壓。各進行20～30次。

穴位的
按壓法

穴位 ③

肩井 ●●●

穴位的
位置

肩井

肩胛骨

| 位 置 | 位於肩胛骨的前方，咽喉兩側的凹陷處。左右各有一穴。

| 效 果 | 此穴的主治為頸筋的僵硬以及肩背部疼痛，透過改善流往肩部血液的流通，於按壓後可以期待迅速消解肩部僵硬狀況。活化氣與血的流通，並緩和肌肉僵硬狀態。

| 按壓法 | 施術者將食指與中指置於肩井穴上，將拇指置於肩關節後方的凹陷處，以揉捏方式按壓（Kneading法）。進行20～30次。

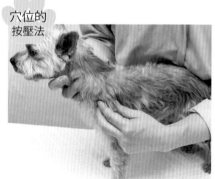

穴位的
按壓法

穴位 ④

臑會

位置 位於肩關節後方的凹陷處。左右各有一穴。

效果 此穴的主治為肩、腕的疼痛，可緩和肩部以及上腕部的疼痛。有可使肩關節的動作較為滑順的作用。與肩井穴同時按壓則效果倍增。在中獸醫學上以別名「搶風」稱之。

按壓法 施術者將拇指以外的四指置於肩井穴，並將拇指置於臑會穴上，揉捏按壓20～30次（Kneading法）。

穴位的位置

臑會

肩關節

穴位的按壓法

身體的異常

13

運動器官的異常

頸部僵硬時
按壓的穴位

按壓穴位： ① 手三里 ② 風池 ③ 頭的百會

　　人類的頭部由兩肩確實堅固地支撐著，而狗狗的頭部則往前突出，無法如同人類般由肩部支撐。狗狗的頸部由靠近背部處有一條大約鉛筆粗的頸韌帶支撐。因此，很容易對此韌帶造成負擔，進而使得頸部也容易僵硬。

穴位 ①

手三里 ●

位 置　位於前肢肘部往手腕方向，狗狗的3趾寬（2寸）下方處。左右前肢各有一穴。

效 果　於肘部上方狗狗4趾寬（3寸）左右處有一個手五里穴。手三里與手五里的主治都是針對上腕部的疼痛。透過合併使用這兩個穴位可發揮不錯的效果。此穴位對於消解精神性疲勞、手部疲勞、腸胃疲勞也有功效。

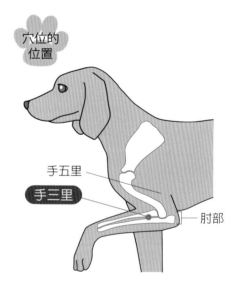

穴位的位置

手五里

手三里

肘部

按壓法　施術者利用拇指，1次5秒按壓20～30次。由於是強壓會感到疼痛的穴位，因此請斟酌情況輕柔按壓。

穴位的
按壓法

穴位 ②

風池

穴位的
位置

風池

位　置　於耳部後方，頸部兩側的凹陷處。左右兩側各有一穴。

效　果　風池的「池」為淺凹陷處的意思，「風」是「風邪」。也就是意味著「風的邪氣所蓄積的地方」。與「12、肩部僵硬時按壓的穴位」中的「曲池」相同，可以疏解在感冒初期由於肩及頸部緊張而造成的肌肉僵硬。有消解因感冒初期所出現的體表發熱及去除風的邪氣的作用。另外，也能調整自律神經平衡。

按壓法 對於小型犬及中型犬可使用拇指及食指，大型犬則可使用拇指以外的四指，按壓穴位20～30秒。進行5～10次。此部位利用溫熱毛巾加溫，或是使用溫灸（棒灸，參考P69）也有不錯的效果。

穴位的
按壓法

穴位 ③

頭的百會

位 置 位於頭頂部最高的位置。只有一穴。

穴位的
位置

頭的百會

效 果 由於是位於頭部的頂點，是為全身的氣所匯集的地方。此穴能夠讓腦部清爽健康，使心情穩定。主掌氣的流通，同時也增加流往腦部的血液供給，讓精神安定以消除不安感。也可以減輕對於頸部的負擔。

按壓法 施術者將拇指置於百會穴上以畫圓方式輕柔按壓（Kneading法）。1次30秒左右，以溫暖穴位的感覺進行2～3次。

穴位的
按壓法

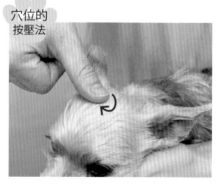

身體的異常

14

運動器官的異常

前肢疼痛時
按壓的穴位

按壓穴位： ① 曲澤 ② 太淵

　　狗狗出現每行走一步頭部就上下晃動的狀況時，就有可能是前肢發生了問題。大多數人都只習慣觀察後肢的動作，但經常確認前肢也很重要。

穴位 ①

曲澤

| 位 置 | 位於前肢肘部背面較粗的肌肉內側。左右前肢各有一穴。 |

| 效 果 | 曲池的「曲」是表示彎曲肘關節，「澤」則是指「凹陷處」。此穴主治前腕部以及肘部的疼痛或是顫抖、僵硬、麻痺等症狀，可使關節的動作較為滑順。除了胃痛以及嘔吐之外，也可以使用在心悸或呼吸困難時。 |

穴位的位置

曲澤

肘部

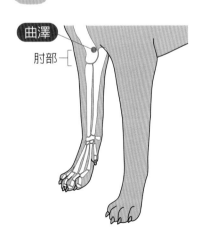

| 按壓法 | 小型犬可使用棉花棒（Cotton Swab法），中型犬或大型犬則可使用拇指或食指按壓。1次5秒進行20～30次。 |

穴位的
按壓法

穴位 ②

太淵

| 位 置 | 位於前肢手腕上靠近拇指側的凹陷處。左右前肢各有一穴。 |

| 效 果 | 對於前肢的問題使用此穴即可見到效果。特別是此穴對於集氣的效果較高，除了疼痛或麻痺之外，對於呼吸器官疾病也有效果。 |

| 按壓法 | 由於是手腕上較窄部位的穴位，小型犬可使用棉花棒輕輕地按壓20～30次（Cotton Swab法）。大型犬則利用拇指按壓。1次5秒進行20～30次。 |

穴位的
位置

太淵
手腕

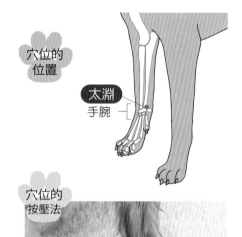

穴位的
按壓法

身體的異常

15

後肢疼痛時
按壓的穴位

 按壓穴位： ① 陽陵泉 ② 承扶 ③ 殷門 ④ 承山 ⑤ 足三里

在狗狗來說，後肢的問題也不在少數。髖關節發育不全、膝蓋骨脫臼、類風濕關節炎等，由於痛感非常強烈必須要早期發現並協助治療。並且於平常時就開始按壓穴位，以緩和疼痛。消解散步的疲勞也可以活用穴位按壓。

穴位 ①

陽陵泉

位 置	位於後肢膝蓋外側，突出的骨頭之斜前下方凹陷處。左右前肢各有一穴。
效 果	為「使用在筋的疾病上」的穴位。這裡提到的「筋」也包含了「腱」。對於消除後肢的疲勞或是浮腫、肌肉痛非常適合，另外也可讓因疼痛而拘攣的關節滑順。
按壓法	與位於內側的陰陵泉同時由左右兩旁如同挾住般揉捏按壓（Kneading法）。進行20～30次。

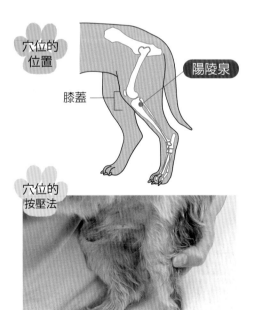

穴位的位置

陽陵泉

膝蓋

穴位的按壓法

穴位 ②　承扶

| 位 置 | 位於坐骨結節（指肛門兩側突出之骨盆骨頭處）下方之凹陷處。左右後肢各有一穴。 |

| 效 果 | 此部位之深層處有坐骨神經幹，是容易引起坐骨神經痛的部位。而這痛感非常強烈，經常會伴隨著步行困難。對於腰痛、大腿小腿等後肢整體的疼痛、麻痺、違和感等都有效果。另外，也可以利用在下半身的瘦身上。 |

| 按壓法 | 施術者將拇指置於穴位上，利用剩下的四指全部抓握住大腿處，以按住3秒再放開3秒的方式按壓。如果突然強力按壓的話會使狗狗受到驚嚇，請慢慢地斟酌施力。進行5～10次。 |

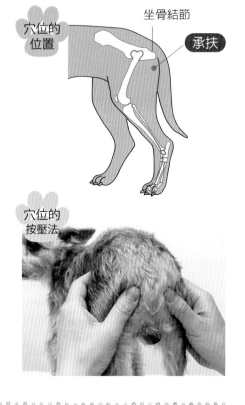

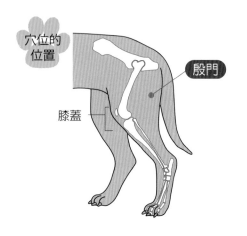

穴位的位置

穴位的按壓法

坐骨結節

承扶

穴位 ③　殷門

| 位 置 | 位於承扶與膝關節所連結的線上，由扶承往下三分之一的凹陷處。左右後肢各有一穴。 |

| 效 果 | 與承扶相同，於深層部有坐骨神經幹，是坐骨神經痛容易發病的部位。可將氣與血的流通變好並使由於疼痛而拘攣的腰及大腿的動作順暢。也有緩和後肢浮腫或腫脹的效果。此外也可期待對於坐骨神經痛的效果。 |

穴位的位置

殷門

膝蓋

按壓法 施術者將拇指置於穴位上，利用剩下的四指全部抓握住大腿處，以按住3秒再放開3秒的方式按壓。將拇指往前方押的方式較方便按壓。

穴位的
按壓法

穴位 ④

承山

位 置 位於後肢，沿著阿基里斯腱往上方移動，與小腿肌腹交界處。左右後肢各有一穴。

效 果 有打通從腰到大腿、膝蓋一帶之氣的作用，以及軟化肌肉、關節的作用。對於腰痛的作用也可期待。與承扶、殷門有相同的效果。

按壓法 將手掌整體握住足關節，以阿基里斯腱為起點利用拇指往承山穴如滑行的方式按壓（Stroke法）。必需注意不得過度用力以避免傷及阿基里斯腱。進行20～30次。

穴位的
位置

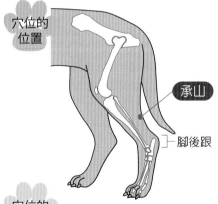

承山

腳後跟

穴位的
按壓法

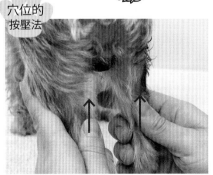

穴位 ⑤

足三里

位置 位於後肢膝蓋外側突出的骨頭斜前下方凹陷處。左右後肢各有一穴。

效果 從前對於足三里穴有「肚腹三里留」這般的描述，也就是說有關於腹部的症狀只要利用足三里即可。依據這樣的說法，透過X光影像可以確認在針灸足三里之後，胃部的蠕動狀況會變得更加活躍。另外在針灸治療後肢異常的狀況時，足三里穴也會與異常部位附近的穴位一起配合治療。是同時擁有廣泛作用及主治效果的穴位，因此可以期待改善症狀的效果。

按壓法 小型犬可使用棉花棒（Cotton Swab法），中型犬或是大型犬則可使用拇指或食指往內下方按壓。1次5秒進行20～30次。

穴位的位置

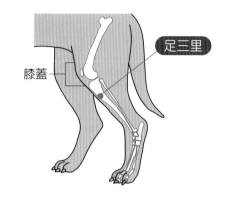

足三里

膝蓋

穴位的按壓法

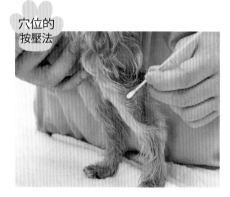

專欄④

肉球按摩

　　一起按摩前肢後肢腳底的肉球吧！腳底有提升元氣的穴位（湧泉，加照片），可放鬆的穴位（勞宮）等，許多的穴位在上面。而且在趾尖上也有穴位。以揉捏肉球、肉球的根部，或是按壓的方式按摩。但是，如果狗狗感到厭煩的狀況時請不要強行按摩。

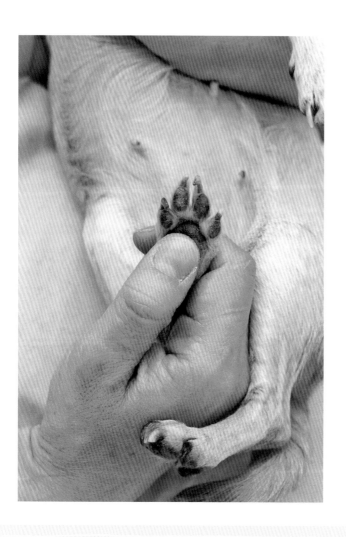

身體的異常

16

眼睛問題時
按壓的穴位

按壓穴位： ① 絲竹空 ② 攢竹 ③ 睛明
④ 承泣 ⑤ 瞳子膠 ⑥ 四白

對於容易罹患淚眼症或是結膜炎的狗狗，在平常時按壓穴位或進行按摩可以達到預防效果。

穴位 ①

絲竹空

位 置	位於眉毛外端（眉尾）的凹陷處。左右各有一穴。
效 果	「絲竹」指的是細竹葉，也就是眉毛的部分。「空」是「凹陷下去的地方」。顧名思義此穴就是說明位於眉毛外端的凹陷處，而眉毛的形狀就與絲竹相似因此而得名。與位於眉頭的攢竹穴是相對的位置。有可以使眼睛與頭部都感到清爽舒暢的作用，對於眼疾也能發揮非常優良的效果。
按壓法	施術者將拇指置於絲竹空上按壓。1次10～20秒進行5～6次。

絲竹空

穴位的
位置

穴位的
按壓法

穴位②
攢竹

攢竹

位 置 以人類來說就是眉毛部分最前端的一點。左右各有一穴。

穴位的位置

效 果 位於眉頭的穴位，與位於眉尾部的絲竹空為一對。有使眼睛清爽舒暢的作用。主治眼睛充血、腫脹、迎風流淚、眼瞼痙攣、結膜炎等，對於眼睛的問題是好用的穴位。

穴位的按壓法

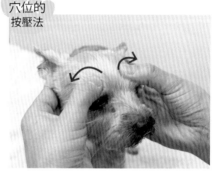

按壓法 施術者將拇指置於攢竹穴上按壓。1次10～20秒進行5～6次。接著再往外側的絲竹空梳撫（Stroke法）。進行20～30次。

穴位③
睛明

睛明

位 置 位於眼頭稍上方之凹陷處。左右各有一穴。

穴位的位置

效 果 睛明的「睛」為眼的意思。「明」則是「光明」，由於可使視力變得清晰的效果而得名。主治為眼睛的充血、腫脹、風吹進眼睛就會流出眼淚的迎風流淚、夜盲症、色盲等所有的眼疾。對於廣泛的眼疾有其效果。

穴位的按壓法

按壓法 將食指置於睛明穴上，往接下來將介紹的承泣、瞳子髎穴滑動（Stroke法）。從眼頭往眼尾方向，做下眼瞼部分的梳撫。進行20～30次。

穴位 ④

承泣

| 位 置 | 位於下眼瞼中央下方，眼球與眼窩下緣之間的凹陷處。左右各有一穴。 |

穴位的
位置

承泣

| 效 果 | 承泣的「承」為承接，「泣」即為哭泣之意。也就是「哭泣時眼淚由此滑落，而此處為承接的地方」的意思。在東洋醫學上眼與肝為親和關係。肝透過眼睛與外界保持連結。此穴位可使肝邪遠離，讓眼睛看得清楚。也可改善眼部、結膜炎等問題。 |

| 按壓法 | 施術者將食指置於晴明穴，往承泣及接下來介紹的瞳子髎方向梳撫（Stroke法）。由眼頭往眼尾梳撫20～30次。由於是眼睛的邊緣，施術者要注意不得將手指碰觸到眼睛。 |

穴位的
按壓法

穴位 ⑤

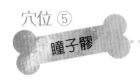

瞳子髎

穴位的
位置

瞳子髎

穴位的
按壓法

[位 置] 位於眼尾的凹陷處。左右各有
一穴。

[效 果] 瞳子髎的「瞳子」是指眼球之
意。「髎」為骨頭突出的部
分。亦即眼睛旁邊骨頭突出
處。眼睛的周圍幾乎沒有肌肉
會直接碰觸到骨頭。因此穴位
的刺激量較大,對於眼睛的問
題可以期待有效的作用。

[按壓法] 施術者將食指至於睛明穴的上
方,往承泣、瞳子髎方向梳撫
(Stroke法)。由眼頭往眼尾
梳撫20〜30次。

穴位 ⑥

四白

穴位的
位置

四白

穴位的
按壓法

[位 置] 位於承泣的下方,骨頭的凹陷
處。左右各有一穴。

[效 果] 四白的「四」為「廣闊」,
「白」是「光」的意思。四白
的本意是為「可以看到寬廣的
事物」。位於眼睛下方,可改
善眼睛的充血、眼睛模糊、眼
睛癢等症狀,對於視力的回復
也有效果。

[按壓法] 施術者利用拇指按壓。1次
10〜20秒進行5〜6次。請注
意不得過度施力。

身體的異常

17

眼、耳、嘴、皮膚的異常

耳朵搔癢時
按壓的穴位

按壓穴位： ① 外關 ② 耳尖

　　狗狗到動物醫院看診的症狀中，耳疾症例的數字可以列入前五名。如果不小心罹患耳炎，要觸及患部非常困難。因此在這樣的情況下可以刺激與患部沒有直接接觸的穴位。

穴位 ①

外關

| 位 置 | 位於前肢的外側。手腕上方狗狗的3趾寬與左右肌肉中間交叉處。左右前肢各有一穴。 |

效 果　外關在東洋醫學上所屬的經絡會運行至耳部，與耳部有相當密切的關係，因此可以消除耳部的熱以抑制搔癢感。此穴反方向的相同位置有內關穴，合併施術效果更佳。

按壓法　施術者以維持固定的方式握住狗狗手腕部，利用拇指與食指如同夾住般揉捏外關與內關5～10次（Kneading法）。

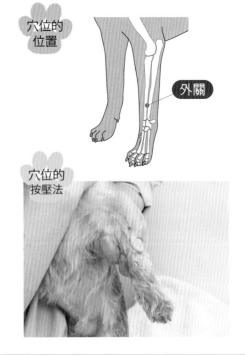

穴位的位置

外關

穴位的按壓法

穴位 ②

耳尖

位 置 | 位於兩耳的最前端。耳廓與凹陷處之交界處。左右各有一穴。

穴位的
位置

耳尖

效 果 | 此穴被稱之為「奇穴」，意味著可達到奇特的功效。在耳部有許多的奇穴集中。有對於各種賀爾蒙所引起的疾病有效的穴位，對於散光、近視、青光眼等眼疾有效的穴位，讓全身增加元氣的穴位，消除腰部不舒服的穴位，緩和壓力的穴位等。耳尖穴除了有將熱冷卻的消炎作用以及抑制耳炎去除搔癢感之外，也有止癢作用。

穴位的
按壓法

按壓法 | 將拇指置於外耳內側根部，往耳部前端的耳尖穴滑動（Stroke法）。進行10～20次。

身體的異常

18

眼、耳、嘴、皮膚的異常

消除口臭時
按壓的穴位

按壓穴位： ① 女膝 ② 下關 ③ 合谷

　　狗狗口臭的原因大概可分成兩個部分。第一是因牙周病所引起，另一個為腸胃問題。依據最近的調查中提出，三歲以上的狗狗有八成患有牙周病。另外，如果腸胃中的好菌越來越少的話，被吸收到血液中的腐敗臭味便會散發出來。

穴位 ①

女膝

位 置 | 位於後肢腳跟的正中央處。左右後肢各有一穴。

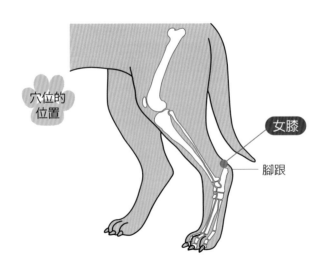

效 果 以人類來說,此穴被稱為齒槽膿瘍的特效穴,從江戶時代就被使用在民間療法上。在中國,此穴也有對齒槽膿瘍的主治功效。由於此穴必須要較強烈的刺激,因此在狗狗身上除了按壓穴位之外,透過棒灸(參考P69)的溫灸也有不錯的效果。溫灸並不是直接接觸皮膚,而是以點火的棒灸等靠近皮膚,提升溫度。就算已經罹患齒槽膿瘍,透過持續地加以溫灸,漸漸地牙齦會回復健康狀態。改善齒槽膿瘍的狀況,口臭也會因此被改善。

按壓法 施術者使用拇指的前端置於左右後肢的穴位上,輕柔地以1次5秒大約20次左右的程度按壓。以棒灸加以溫灸也有不錯的效果。在感覺到熱度時便移開,重覆大約10次左右。

穴位的
按壓法

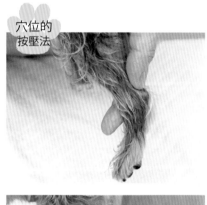

穴位 ②

下關

位置 位於狗狗的嘴角（嘴唇的根部）後方，咬筋前方的凹陷處。左右嘴角各有一穴。

穴位的
位置

下關

效果 對於因牙周病所引起的牙齦疼痛或蛀牙、口內炎有效用。由於可以緩和臉部肌肉，有放鬆效果。同時也是被使用在刺針麻醉上的穴位。有去除體內之熱的作用。

按壓法 施術者將食指置於穴位上，慢慢地往深處按壓。要領在於先固定住狗狗的頭部。1次20～30秒按壓5～6次。

穴位的
按壓法

穴位 ③

合谷

位 置 位於前肢拇指與食指根部交叉的凹陷處。左右前肢各有一穴。

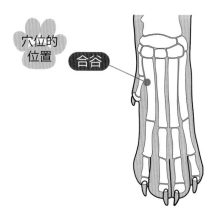

穴位的
位置

合谷

效 果 若是處於胃或大腸虛弱使食物停滯的狀態下，其腐酸的臭味便會從口中散發出來造成口臭、打嗝，甚至也會引起食欲不振或是脹氣感。合谷主掌著消化機能，有改善胃或大腸狀態的作用。人類的大腸約10公尺，大約身高的5倍。依據不同動物的種類長度也會不同。與身長的比例來說，狗為6倍，牛為22倍，馬為10倍，貓為4倍，羊為25倍。不讓食物停滯且儘快消化為此穴的主要功能。

按壓法 小型犬使用棉花棒，中型犬、大型犬則可使用拇指或食指往內上方按壓1次3秒，進行10～20次。

穴位的
按壓法

身體的異常

19

眼、耳、嘴、皮膚的異常

減少流口水時
按壓的穴位

按壓穴位： ① 頰車 ② 內關

　　汗腺不甚發達的狗狗，在較熱的時候會從口中流出口水以調節水分的量或是調節體溫。特別是鼻端比較短的狗狗或是下唇下垂的狗狗平常就經常流出口水。但是，流出比健康的時候更多的口水，或是泡沫狀的口水，交混著血液的口水時，有可能是重大的疾病或是已經受傷。另外在中毒或是暈車時也會流出大量的口水。

穴位 ①

頰車

位 置 | 位於顏面部，下顎骨角的前上方狗狗的1指寬（1寸）凹陷處。左右各有一穴。

穴位的位置

頰車

位置 將靠近尾部的肋骨與脊椎的交叉位置設為起始點，利用手指由此點往尾部方向下滑，於第三節脊椎骨凸起的兩側凹陷處即為此穴。脊椎骨的左右兩側各有一穴。

效果 在東洋醫學上將淚、汗、涎、涕、唾稱之為五液。此穴有調節五液分泌的作用。

因此穴下方有耳下腺（腮腺），可緩和耳下腺炎、減少口水。另外，對於牙疼、顏面神經麻痺、三叉神經痛、口內炎等也有效果。

按壓法 施術者將兩手之拇指置於穴位上，如同寫日文的「の」字般按摩20～30次（Kneading法）。由於正下方有耳下腺，請注意不得過度施力按壓。

穴位的按壓法

穴位 ②

內關

位置 於前肢內側，從手腕上方約狗狗的3趾寬（2寸），前肢左右肌肉之間的位置。左右前肢各有一穴。

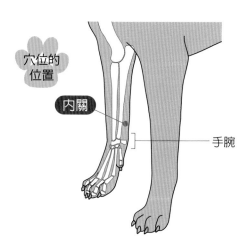

穴位的位置

內關

手腕

穴位的
按壓法

效果 內關的「內」指的是前肢的內側，與位於外側的外關為對比關係。「關」則是表示位於手關節附近的穴位。位於外側的外關與位於內側的此穴一起按壓，效果表現上較佳。是擁有緩和歇斯底里或是壓力作用的穴位。可以保持心情的穩定，有調整心跳的功能，也能夠抑制口水的分泌。另外，對於暈車時的嘔吐感也可發揮功效。

按壓法 往位於前肢外側的外關方向按壓內關20～30秒。也可以使用棉花棒按壓（Cotton Swab法）。另外，由兩側如同挾捏的方式按壓內關與外關也有相同效果（Kneading法）。左右前肢各按壓20～30次。

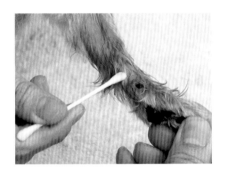

身體的異常

20

眼、耳、嘴、皮膚的異常

皮膚搔癢時
按壓的穴位

按壓穴位： ① 血海 ② 養老

　　皮膚搔癢有細菌、真菌、寄生蟲、昆蟲等的感染症或是過敏等
各種不同原因。按壓有止癢效果的穴位來緩和症狀吧！

穴位 ①

血海 ···

位 置　位於後肢膝蓋內側上方的凹陷處。左右後肢各有一穴。

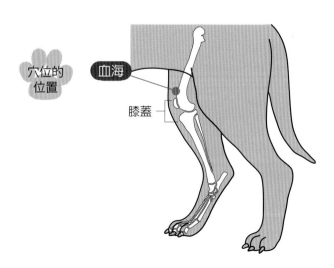

穴位的
位置

血海

膝蓋

效果 血海為「血所匯集之處」之意。「血」為東洋醫學上的稱呼，在西洋醫學上稱之為「血液」。此血液指的是「循環在動物體內的主要液體，搬運營養或氧氣到全身的細胞以及帶出二氧化碳與老舊廢物的媒介」，但是在東洋醫學上的解釋為「血從食物而來，為流動在脈中的紅色液狀物，是生命能量，與無形的氣均為重要的物質」。而這所謂的血所聚集的部位即為此穴。可去除皮膚的乾燥及濕氣，使血液循環變好，抑制皮膚的發炎以平靜搔癢感。

按壓法 施術者以拇指及食指如同挾住的方式按壓5～10次（Kneading法）。不得過度施力按壓。

穴位的
按壓法

穴位 ②

養老

位 置 位於前肢手腕外側突出的骨頭上方凹陷處。左右前肢各有一穴。

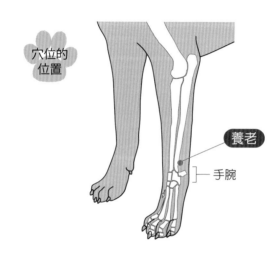

穴位的
位置

養老

手腕

效 果 養老為年老保養的穴位，高齡之後的各種特有現象，例如無法看清楚東西，眼睛的搔癢症、下半身疼痛、起立困難、動作困難等都可以使用。特別是可以試用在因為高齡所引發皮膚搔癢之老犬性搔癢症。可提高皮膚的自我復原力。

按壓法 施術者固定住狗狗的手腕用拇指按壓1次5秒，進行5～10次。

穴位的
按壓法

專欄⑤

全身爽快！
皮膚拉提按摩

　　皮膚拉提按摩不須對身體施力或造成負擔即可進行，雙頰、背部、胸部、側腹、足部等，只要是皮膚可以拉提的部位，任何地方都有效。注意不得使用指甲。針對腋下等不易拉提的皮膚便用2～3隻手指，背部及兩頰則用5指拉提。請進行5～10次。

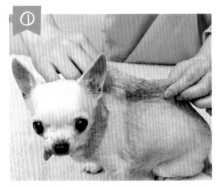

①拉提背部：有效增強免疫力及強化腰足下半身。

②拉提背部：對於皮膚病有效。交互扭轉背部的皮膚效果更佳。

③拉提肘部後方：對於肩部僵硬及眼睛疲勞有效。

④將兩頰往左右或後方拉提：對於緩和緊張，消除焦躁感有效。

拉提後肢的根部：對於瘦身有效。

拉提頸的根部：對於預防感冒、咳嗽、發燒等的緩和有效。

拉提下顎：對於感冒之預防及緩和有效。

拉提肚臍（照片中的紅點）周圍的皮膚：對於緩和腹瀉及便祕有效。

拉提膝蓋後方：對於強化足腰下半身、緩和腰痛有效。

呼吸器官的異常
容易咳嗽時
按壓的穴位

 按壓穴位： ① 膻中 ② 俞府 ③ 天突 ④ 豐隆 ⑤ 孔最

　　咳嗽，不單單只是狗狗，對於飼主也會造成身體與精神上相當大的負擔。而且除了感冒之外，也有可能是心臟疾病。狗狗的心臟病特別容易在8歲以上的小型犬身上被發現，因此如果狗狗持續咳嗽，請務必帶至動物醫院接受診療。

穴位 ①

膻中

位置 位於胸骨（指喉部下方凹陷處到胸窩的骨骼）下方約四分之一的位置。
　　　 一穴。

穴位的
位置

喉部下方
凹陷處

胸窩

膻中

| 效果 | 不安感、胸部的疼痛或胸悶、焦躁等會使得咳嗽或痰的分泌倍增。此穴可擴展胸部使呼吸順暢，並有抑制非生理性水分的痰之作用。藉由這些功能可減輕呼吸不順、咳嗽、喉嚨痛。另外，也可以緩和因環境的變化而造成之壓力。 |

| 按壓法 | 默數1、2、3慢慢地施力，維持相同力道3秒之後再慢慢地將力量移除（Standard法）。重覆此動作20～30次。由於每隻狗狗的反應不同，請觀察狀況並調整力道。 |

穴位的
按壓法

穴位 ②

俞府

| 位置 | 位於胸骨最上方，身體正中央線約狗狗的3趾寬（2寸）外側處。左右各有一穴。 |

穴位的
位置

俞府

| 效果 | 此穴的作用為讓氣流通順暢，幫助抑制激烈的咳嗽或氣喘。對於胸痛以及心臟病、氣喘等有效。 |

| 按壓法 | 將拇指及食指各置於左右的穴位上，往後方慢慢地按壓。1次2秒進行5～10次。 |

穴位的
按壓法

穴位 ③
天突

| 位 置 | 位於胸骨頂端的凹陷處。一穴。 |

| 效 果 | 有將肺氣由胸部往上擴展,止咳的作用、防止肺氣無法往上擴展而轉化成痰、抑制咽喉乾燥。在咽喉乾燥或是喉嚨不舒服時調整呼吸、抑制痰的形成。 |

| 按壓法 | 施術者利用食指從凹陷處往後方輕輕按壓。1次1~2秒進行5~10次。請絕對不要往喉部按壓。 |

穴位的
位置

穴位的
按壓法

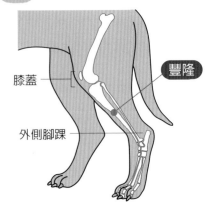

穴位 ④
豐隆

| 位 置 | 位於後肢外側。膝關節與外側腳踝所連結的線二分之一處,小腿脛骨的外側。左右後肢各有一穴。 |

| 效 果 | 在中國將雷稱之為「豐隆」。也就是指「轟隆作響」「雷聲隆隆」之意。此穴有鎮咳去痰的效果。並且可將非生理性產物的濃痰轉化成其他生理性的物質。 |

穴位的
位置

膝蓋

豐隆

外側腳踝

按壓法　施術者利用拇指或食指往內側輕輕按壓1次3秒。如果無法順勢按壓時，可如同挾住般同時按壓內側與外側（Kneading法）。進行20～30次。

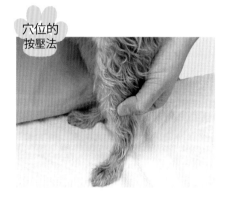

穴位的
按壓法

穴位⑤

孔最 ●

位　置　位於前肢肘關節下方約狗狗4趾寬（3寸）靠拇指側處。左右前肢各有一穴。

效　果　此穴被稱之為咳嗽或氣喘的特效穴。可使肺氣流通變好以達到潤肺的作用，有緩和激烈咳嗽的效果。

按壓法　施術者利用拇指指腹輕柔按壓。由於是強壓會造成疼痛的部位，因此於按壓時需特別注意。1次1～2秒進行20～30次。

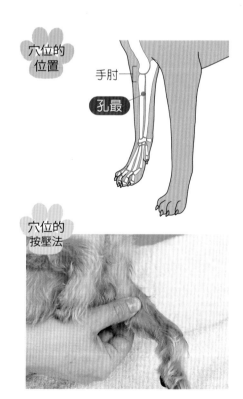

穴位的
位置

手肘

孔最

穴位的
按壓法

身體的異常

22

呼吸器官的異常

鼻炎時
按壓的穴位

按壓穴位： ① 山根 ② 印堂 ③ 上星

　　鼻炎為病毒或細菌侵入鼻腔或是副鼻腔，在黏膜上所引起之發炎症狀。會出現流鼻水或打噴嚏，眼睛分泌物增加的症狀。初期的鼻水是較為不黏膩的狀態，若持續惡化時，就會出現黃色或綠色之膿狀的鼻水。另外，如果發炎或感染波及到鼻淚管時，會由於黏膜的腫脹與鼻水而造成鼻塞 ，有可能因此造成呼吸困難。

穴位 ①

山根

| 位 置 | 位於鼻樑的正中央， 鼻部有毛與無毛部分的交界處。一穴。 |

| 效 果 | 在東洋醫學中，鼻與肺有親和關係。肺是透過鼻孔與外界連結。鼻子的異常最後有可能會引起肺部的異常，因此需要特別注意。此穴有調節體表之熱的作用，使鼻子較為通暢的作用，也有改善鼻水的效果與增進食慾的效果。或者在意識昏迷等狀況下，透過針灸此穴，有使意識回復的作用。 |

穴位的
位置

山根

按壓法 由上星（參考P126）至印堂再至山根之間以食指摩擦（Stroke法）。往鼻尖方向可稍加施力，回程則以較為輕柔的方式摩擦。小型犬也可使用棉花棒的前端刺激穴位（Cotton Swab法）。進行20～30次。

穴位的
按壓法

穴位 ②
印堂

位 置 位於兩眉之間。一穴。

效 果 有消除由於感冒而引起之各種疼痛，以及冷卻因感冒造成的發熱並且鎮靜流鼻水、鼻塞的焦躁不安等作用。除了因感冒所引起的鼻炎之外，因過敏性鼻炎而引發的流鼻水、鼻塞、過熱症或發燒也有效果。

按壓法 由上星至印堂再至山根之間以食指摩擦（Stroke法）。往鼻尖方向可稍加施力，回程則以較為輕柔的方式摩擦。

穴位的
位置

印堂

穴位的
按壓法

穴位 ③
上星

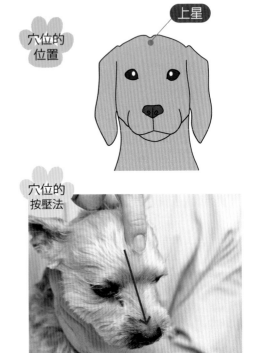

穴位的
位置

上星

穴位的
按壓法

位 置	以人類來說，此穴位於臉部正中線與髮際線交叉點上方1橫指寬（1寸）處，但由於狗狗並沒有髮際線，因此飼主可以透過想像其髮際線的位置以搜尋此穴。
效 果	此穴被稱為「可治療鼻塞不通者」，有解除孔穴不通順的作用，為鼻塞的特效穴。另外除了改善鼻炎症狀之外，也有抑制打呼的效果。特別是對於打呼聲較大的短鼻品種（巴哥或西施犬等），請務必要嘗試一下。此外，對於過熱症或是發燒也有效果。
按壓法	由上星至印堂再至山根之間以食指摩擦（Stroke法）。往鼻尖方向可稍加施力，回程則以較為輕柔的方式摩擦。進行20～30次。

身體的異常

23

呼吸器官的異常

感冒時
按壓的穴位

按壓穴位： ① 風池 ② 大椎 ③ 廉泉 ④ 尾尖

感冒是指於鼻或咽喉等呼吸器官為中心所引起的急性發炎之總稱。如「風邪為百病之長」所述，把成為疾病原因的物質帶進體內。於症狀較輕的狀態時便應儘早處置，平常就開始努力不要罹患感冒。在感冒初期，溫暖頸部使身體不要受涼也非常重要。

穴位 ①

風池

位 置	於耳部後方，頸部兩側的凹陷處。左右兩側各有一穴。

效 果 風池的「池」為淺凹陷處的意思，「風」則是「風邪」。也就是「風的邪氣所蓄積的地方」。與「12、肩部僵硬時按壓的穴位」中的「曲池」相同，可以紓解在感冒初期由於肩頸緊張而造成的肌肉僵硬。能消解因感冒初期所出現的體表發熱、去除風的邪氣。另外，也有調整自律神經平衡的作用。

穴位的位置

風池

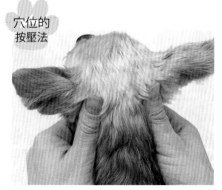

穴位的按壓法

| 按壓法 | 對於小型犬及中型犬可使用拇指及食指，大型犬則可使用拇指或是拇指及中指按壓穴位20～30秒，進行5～10次。此部位利用溫熱毛巾加溫，或是使用溫灸（棒灸，參考P69）也有不錯的效果。 |

穴位的
按壓法

穴位 ②

大椎

| 位 置 | 位於第七節頸椎與第一節胸椎之間，晃動頸部也固定不動的骨頭處。一穴。 |

穴位的
位置

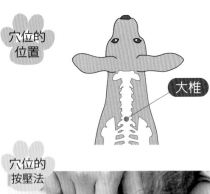

大椎

| 效 果 | 若要保護身體不要感冒就必須充實循環於體表的陽氣。陽氣所聚集的部位即為此穴。如果覺得有罹患感冒的先兆，就先按壓此穴。於大椎上使用溫灸（棒灸，參考P69）也有不錯的效果。有消解感冒初期特有的體表之熱的作用。 |

穴位的
按壓法

<table>
<tr><td>按壓法</td><td>施術者可使用食指按壓10〜20秒，5〜6次。小型犬使用棉花棒較為容易按壓（Cotton Swab法）。透過溫灸、溫熱毛巾加溫也是不錯的方法。因為感冒出現咳嗽症狀時，請按壓能讓咳嗽症狀較為舒緩的穴位。</td></tr>
</table>

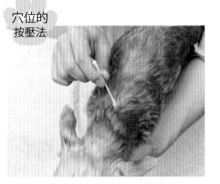

穴位的
按壓法

穴位 ③

廉泉

位　置 位於下顎正中線（身體的中央線）上，咽喉骨前方的凹陷處。一穴。

效　果 用於咳嗽非常嚴重，因感冒併發支氣管炎的狀況。有使咽喉滑順的作用，消除咽喉疼痛。其他也有冷卻咽喉之熱使聲音容易發出的作用。

按壓法 由於是咽喉的部位，如果過度按壓便會引發咳嗽，因此可用抓捏穴位皮膚的方式拉提。進行5〜10次（Pickup法）。

穴位的
位置

廉泉

穴位的
按壓法

穴位 ④ 尾尖

穴位的
位置

尾尖

| 位 置 | 為動物特有的穴位，位於尾部的前端。 |

| 效 果 | 於嘔吐感或腹瀉、發燒時按壓此穴即可在短時間解熱，並改善因感冒所出現的腹部症狀。但是，若症狀沒有改善，或是持續發燒的狀況下，請與動物醫院討論。 |

| 按壓法 | 抓捏住尾部的前端稍微往後方拉引做刺激。1～2秒左右的刺激進行10～20次即可。如果像是貴賓犬或是柯基犬等有斷尾情形的狗狗，便以他們的尾部前端為尾尖穴。另外，有許多狗狗不喜歡被碰觸尾部，必須先慢慢地讓他們習慣。 |

穴位的
按壓法

身體的異常

24

中暑時
按壓的穴位

按壓穴位： ① 人中

　　於夏天較熱的時期中，在散步的途中突然倒下或是呼吸困難，又或者是在空調不佳的室內流出大量的口水，就有可能是中暑的徵兆。請立即冷卻身體並與動物醫院聯絡。按壓穴位僅是應急處理，因此不應再觀察狀況而是須立即至醫院就診。

穴位 ①

人中

位 置	位於狗狗鼻頭正中央的凹溝上。一穴。

效 果	因中暑等使陽氣下移發生意識不明等狀況時，此穴有能夠將陽氣往身體上部提昇的作用，為甦醒特效穴。會是被使用在急救上的穴位。休克、發燒等緊急時也可使用。別名也稱為「水溝」。

按壓法	使用棉花棒或是指尖強力按壓大約五秒左右。若是在昏睡狀況時，也可以使用鑰匙尖端等按壓。請注意在健康的狀況下不得按壓。

穴位的位置

人中

穴位的按壓法

增加抵抗力時
按壓的穴位

 按壓穴位： ① 命門 ② 後海

　　癌細胞在動物體內每天都有數百個以上產生，沒有癌化的原因是因為免疫。也就是說如果提高免疫力，就可以在癌化之前先行抑制。另外，平常就開始刺激經常生病的狗狗，在病中、病後也可以增加抵抗力的穴位，降低演變到嚴重狀況的可能。

穴位 ①

命門 ●

位 置 ｜ 將靠近尾部的肋骨與脊椎的交叉位置設為起始點，利用手指由此點往尾部方向下滑，於第三節脊椎骨突起處即為此穴。左右兩旁為腎俞穴。剛好是肚臍裡側附近的部位。一穴。

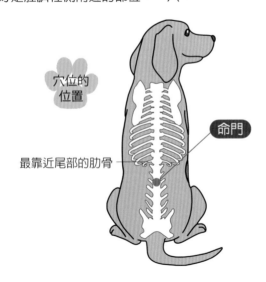

穴位的位置

命門

最靠近尾部的肋骨

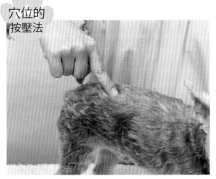

穴位的
按壓法

效果　有所謂「命之門」之意。也就是位於左右的腎俞穴之間生命的重要門戶。能補充腎氣以培養元氣，提升生命能量、氣力與精力並調整全身狀態的平衡，增強抵抗力。與腎俞穴併用可期待更好的效果。另外對於腰痛也有效。

按壓法　小型犬、中型犬可使用拇指或者食指，大型犬則使用拇指置於穴位上按壓1次5～10秒進行10～20次。利用溫熱毛巾等與腎俞同時加溫也有不錯的效果。

穴位 ②

後海

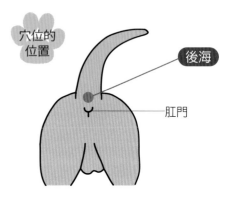

穴位的
位置

後海

肛門

位 置 　位於將尾部上提時肛門與尾部之間的凹陷處。一穴。

效 果 　在人類身上稱為「長強」，在中獸醫學上稱之為「後海」。所謂「長強」是指「使生命力保持長久強健」之意，也被認為是可以提高免疫力的特效穴，在中國幫動物接種預防針時，據說也有獸醫師直接接種在後海穴上。是對於足腰下半身的運動器官問題、消化器官系統問題都能發揮效果的可靠穴位。

按壓法 　將尾部上提，先確認穴位的位置。接著以棉花棒置於穴位上之後，將尾部放下並將棉花棒往前上方按壓。由於是非常敏感的部位，請輕柔地按壓。另外，由於有許多狗狗不喜歡被碰觸尾部，在觸碰時必須注意。1次1～2秒進行10～20次。

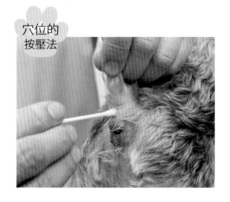

穴位的
按壓法

其他的異常

26 減重時
按壓的穴位

 按壓穴位： ① 中脘 ② 湧泉 ③ 三陰交

　　在最近的調查中指出，四成以上的狗狗有肥胖的傾向。雖然肥胖本身並非疾病，但卻是成為癌症、糖尿病、肝臟病、異位性皮膚炎等各種疾病的原因。請依肥胖的類型搭配穴位施作。

1.因壓力所造成的肥胖

因飼養在室內無法自由出去散步、獨自在家的時間較長、每天都吃相同的飼料等等。不知不覺地就以吃東西來消解壓力。在這樣的狀況下，請使用此穴。

穴位 ①

中脘

位 置	位於胸窩與肚臍連結線上之正中央處。一穴。
效 果	能調節腹部水分代謝。中脘可防止由於壓力而引起氣的停滯使新陳代謝變得遲緩，多餘的脂肪或水分無法排出體外而導致的肥胖。
按壓法	施術者利用食指（或者是食指加上中指），於穴位上如同書寫「の」般按摩20～30次（Kneading法）。由於此穴下方即為胃部，必須注意不得過度施力按壓。

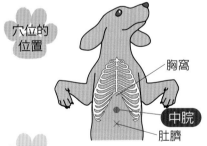

穴位的位置

胸窩
中脘
肚臍

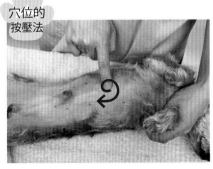

穴位的按壓法

2.水腫

水腫與季節無關，一整年都會發生。夏天因為太熱而大量飲水、冬天則因為懶得去廁所、高齡的狗狗因腎功能低下，使身體變得容易浮腫。

穴位 ②

湧泉

位 置	位於後肢腳底大掌球的根部。左右後肢各有一穴。
效 果	腎是貯存精氣──即生命力的臟器。但會因為年齡的增加使精氣枯竭減少。其結果，會使腎功能衰退而出現各式各樣的症狀。能夠使其復活的則是被稱之為「湧出生命之泉」的此穴。此穴可強化腎與膀胱的機能，在促進利尿作用的同時，調整水分代謝以抑制水腫。
按壓法	施術者將拇指置於穴位上，往趾尖的方向輕推。默數1、2、3慢慢施力，靜置維持三秒左右，再慢慢地於3秒左右將力量移除（Standard法）。左右後肢各進行20〜30次。

穴位的位置

湧泉

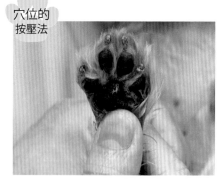

穴位的按壓法

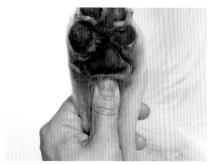

3.因賀爾蒙失調的肥胖

若進行結紮手術的話，賀爾蒙平衡便會失調，使代謝變差而容易發胖。是狗狗最多的肥胖類型。此種類型的肥胖，較難達到減肥瘦身的效果，因此請有耐心地按壓穴位。

穴位 ③

三陰交

| 位 置 | 位於後肢內側，內側腳踝上方狗狗的四指幅寬（3寸）的位置，與小腿脛骨交叉點之後側。左右後肢各有一穴。 |

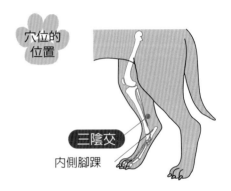

穴位的位置

三陰交

內側腳踝

| 效 果 | 由於此穴的位置為脾經、肝經、腎經三條陰的經絡之交叉點而稱為三陰交。此穴的主治之一為「治療因身體太重，而全身無力的狀態」，是使用在因過度肥胖身體太重導致動作遲緩的狀態。在人類身上特別有名的是為安產、婦人病的穴位，但對於因賀爾蒙所引起的肥胖也可以發揮其效果。另外，不單單只有雌性，對於雄性的減肥也有效果。 |

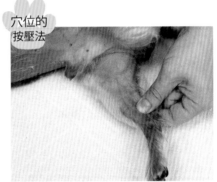

穴位的按壓法

| 按壓法 | 施術者將拇指置於三陰交上，由小腿脛骨的外側往內側滑動按壓。也可以使用棉花棒進行按壓（Cotton Swab法）。一次1～2秒進行20～30次。 |

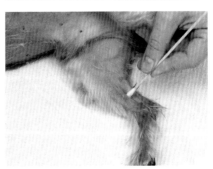

身體的異常

27

防止老化時
按壓的穴位

 按壓穴位： ① 腎俞 ② 腰的百會

　　狗狗的平均壽命年年都在增加，現在平均的十五歲比起二十年前已經多上一倍，而且高齡化正在演進中。如果要健康且長壽的話，平常的保養就很重要。在東洋醫學上認為腎是與老化有著密切關係的臟器。請多加保養腎來提高免疫力對抗疾病，預防老化吧！

穴位 ①

腎俞 ●●

位置　將靠近尾部的肋骨與脊椎的交叉位置設為起始點，利用手指由此點往尾部方向下滑，於第三節脊椎骨突起的兩側凹陷處即為此穴。脊椎骨的左右兩側各有一穴。

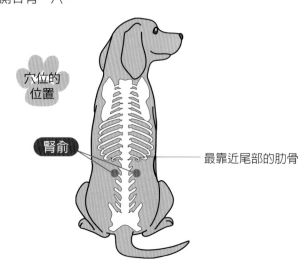

穴位的
位置

腎俞

最靠近尾部的肋骨

效果 在脊椎骨上的穴位除了腎俞之外，還有肺俞、心俞、肝俞、脾俞、大腸俞、小腸俞、膀胱俞、胃俞、三焦俞、膽俞等排列著許多將氣輸送往五臟六腑的穴位。腎俞是為「腎氣注入的部位」。腎貯存著身體精力來源的「精」，但因為年齡的增加而腎氣也隨之變少。此穴有補充腎氣（精）的作用，透過刺激腎俞穴，可使「精」（精力）提升。另外，腎俞對腰痛等有關筋、骨的疾病也可期待其效果。

按壓法 對於小型犬及中型犬，施術者可將拇指及食指置於穴位上，按壓1次10～20秒進行5～6次（Kneading法）。大型犬則可利用拇指置於腎俞上，慢慢地施力按壓。1次10～20秒進行10～20次。

穴位的
按壓法

穴位 ②

腰的百會

位置 位於骨盆最寬部分的橫幅與脊椎交接處之凹陷處。一穴。

人類的百會穴位於頭頂部，提到百會穴大多指的是頭部的百會，在動物的身上除了頭頂部之外，腰部也有一穴。頭頂部的百會為「頭的百會」，位於腰部的則稱之為「腰的百會」。

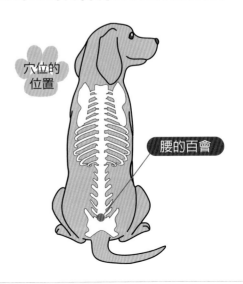

穴位的
位置

腰的百會

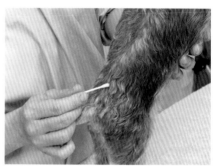

効果 穴名含有「百」（多種、多
樣）的經絡「會」（會面、交
會）之意，顧名思義，是擁有
許多健康效果的萬能穴。特別
是可以使衰弱的陽氣再度復
甦，脫離老化的作用。也有提
高免疫力的作用，打造長壽且
健康的身體與精神。

按壓法 施術者利用拇指或者食指的指
腹部分慢慢按壓。由於是脊
椎骨之間較為狹窄部的穴位，
小型犬也可以使用棉花棒按壓
（Cotton Swab法）。1次1～
2秒，進行10～20次。

作者

石野 孝

1962年	出生於日本神奈川縣
1987年	麻布大學研究所獸醫學研究科結業
1992年	中國內蒙古農牧學院（現為內蒙古農業大學）動物醫學系結業
1993年至今	鎌倉・元氣動物醫院院長
2000年	中國傳統獸醫學國際培訓研究中心名譽顧問
2002年	（社）日本寵物按摩協會理事長等
2009年	中國南京農業大學准教授
2013年	中國內蒙古農業大學動物醫學院特聘專家

著作
書籍－小動物臨床針灸學（日本傳統獸醫學會）、讓愛犬的壽命延長五歲之書（祥傳社）、利用穴位按摩讓
　　　狗狗更元氣（幻冬舍）、開始養貓就上手（學研，臺灣由晨星出版社出版）、寵物之針灸按摩手冊
　　　（醫道之日本社）等。
影片－小動物臨床針灸學I、II（Interzoo）、狗狗的醫療按摩（Star-Bit）、狗狗的醫療淋巴按摩（Star-Bit）
　　　等。

相澤瑪娜

1974年	出生於日本神奈川縣
1999年	麻布大學獸醫學部獸醫學科畢業
2005年	日本傳統獸醫學會主辦第三次小動物臨床針灸學課程結業
2006年	Chi-Institute（FL.USA）獸醫針灸課程結業（獸醫針灸師認證）
2008年至今	鎌倉・元氣動物醫院副院長
2012年	中國傳統獸醫學國際培訓研究中心客座研究員、南京農業大學人文學院准教授、（社）日本寵物按摩協會理事

著作
書籍－小動物臨床針灸學（日本傳統獸醫學會）、老貓這樣顧，長壽又健康（學研，臺灣由晨星出版社出
　　　版）、寵物之針灸按摩手冊（醫道之日本社）、治癒你，治癒牠，貓咪經穴按摩（實業之日本社，臺
　　　灣由晨星出版社出版）。

國家圖書館出版品預行編目資料

狗狗經穴按摩【圖解版】/石野 孝, 相澤瑪娜著；蔡昌憲譯. -- 二版.
-- 臺中市：晨星出版有限公司, 2023.10
　　144面；16×22.5公分. -- （寵物館；115）
譯自：犬のツボ押しBOOK
ISBN 978-626-320-598-7（平裝）

1.CST：犬　2.CST：寵物飼養　3.CST：穴位療法　4.CST：按摩

437.354　　　　　　　　　　　　　　　　　112011762

寵物館 115

狗狗經穴按摩【圖解版】
每天 5 分鐘，提升愛犬的生理與心理療癒效果！

作者	石野　孝、相澤瑪娜
譯者	蔡昌憲
主編	李俊翰
排版	蔡艾倫
封面設計	陳其輝
創辦人	陳銘民
發行所	晨星出版有限公司 407台中市西屯區工業30路 1 號 1 樓 TEL：04-23595820　FAX：04-23550581 行政院新聞局局版台業字第2500號
法律顧問	陳思成律師
初版	西元2015年03月01日
二版	西元2023年10月01日
二版二刷	西元2024年06月01日
讀者服務專線	TEL：（02）23672044 /（04）23595819#212
讀者傳真專線	FAX：（02）23635741 /（04）23595493
讀者專用信箱	service@morningstar.com.tw
網路書店	http://www.morningstar.com.tw
郵政劃撥	15060393（知己圖書股份有限公司）
印刷	上好印刷股份有限公司

掃瞄 QRcode，
填寫線上回函！

定價320元
ISBN　978-626-320-598-7

INU NO TSUBO-OSHI BOOK by Takashi Ishino, Mana Aizawa
Copyright © 2013 Takashi Ishino, Mana Aizawa
All rights reserved.

Original Japanese edition published by IDO NO NIPPON SHA, Kanagawa
This Traditional Chinese language edition published by arrangement with
IDO NO NIPPON SHA, Kanagawa in care of Tuttle-Mori Agency, Inc., Tokyo
through Future View Technology Ltd., Taipei